Die Deutsche Bahn *aktuell*

Gerhard Bank

Die Deutsche Bahn *aktuell*

Typen, Trassen, Impressionen 1994 bis heute

KOSMOS

Umschlag gestaltet von Atelier Reichert, Stuttgart, unter Verwendung eines Fotos von Gerhard Bank: Vor der Kulisse des Kölner Doms und der Hohenzollernbrücke liefern sich die 101 080-0 und die 101 075-0 am Morgen des 20. Mai 2001 mit den IC 624 „Rheinland“ und 802 „Sylter Strand“ auf dem rechtsrheinischen Ufer – im Kölner Volksmund auch als „schäl Sick“ bekannt – anscheinend eine Wettfahrt. Am Vorbild der Schweizer Bundesbahn orientiert, hat das Werbezeitalter auch auf den Triebfahrzeugen der Deutschen Bahn Einzug gehalten.
Rücktitel: Ihrem eigentümlichen Erscheinungsbild, das durchaus an die Formen der großen Meeressäuger erinnert, verdanken die Triebwagen der BR 641 ihren Spitznamen „Walfisch“. Die RB 26613 Gotha – Crawinkel hat am 17. Mai 2002 den Bedarfshalt Petriroda (KBS 572) fast erreicht. Foto: Gerhard Bank
Zum Bild auf Seite 1. „Guter Mond, du stehst so stille“ – jedoch ist die Güterbahn nachts besonders aktiv. Die 152 037-8 überquert am Morgen des 29. Juli 1999 mit ihrem Güterzug um 5.19 Uhr die Allerbrücke bei Verden (KBS 380, Bremen – Hannover) in Richtung Bremen. Foto: Jürgen Hörstel

Bild Seite 2: Im Gegensatz zum ständigen Kommen und Gehen auf den Hauptbahnen und Magistralen, ist das Verkehrsaufkommen auf dem „sächsischen Semmering“ (KBS 248, Bautzen - Bad Schandau) eher bescheiden. Für einen kurzen Augenblick übertönt am 27. Februar 2001 die 202 535-1 mit der RB 17829 Sebnitz – Bad Schandau bei Mittelndorf das Rauschen der Sebnitz. Nur zu Fuß oder per Eisenbahn lassen sich hier die Schönheiten des Naturparks „Sächsische Schweiz“ erkunden. Foto: Gerhard Bank

Zur Abbildung auf der Seite 5: Auf dem Weg in die Zukunft? Zeigt sich in Berlin-Spandau (KBS 250, Berlin – Jüterbog/Dessau – Leipzig/Halle) nicht eine schöne Aussicht für die Anwohner sowie die Fahrgäste des Schienenverkehrs? Der ICE 1519 „Sophie Scholl“ ist am 21. Juni 2000 mit dem Fernziel München in prägnanter Umgebung auf Reisen. Foto: Jürgen Sieger

Die Bildlegenden wurden von den Bildautoren sowie Norbert und Gerhard Bank erstellt.

Inhalt

Ein Wort vorab 5
Auf dem Weg in die Zukunft 6
Hamburg, Schleswig-Holstein 8
Mecklenburg Vorpommern 12
Brandenburg, Berlin 17
Sachsen-Anhalt 29
Niedersachsen 38
Nordrhein-Westfalen 44
Hessen 64
Rheinland-Pfalz, Saarland 70
Baden-Württemberg 84
Bayern 98
Thüringen 116
Sachsen 128
Zum Abschied 142

KOSMOS Postfach 106011
D-70049 Stuttgart
TELEFON +49 (0)711-2191-0
FAX +49 (0)711-2191-422
WEB www.kosmos.de
E-MAIL info@kosmos.de

Bibliografische Information Der Deutschen Bibliothek
Die Deutsche Bibliothek verzeichnet diese Publikation in der Deutschen Nationalbibliografie. Detaillierte bibliografische Daten sind im Internet über http://dnb.ddb.de abrufbar

ISBN 3-440-09243-7
Lektorat und Herstellung: S. Fischer, Stuttgart
Printed in Czech Republic/Imprimé en République tchèque
Satz/Repro: Typomedia GmbH, Ostfildern
Druck und Bindung: GRASPO CZ, a. s., Zlin

Bildnachweis:
Mit 145 Farbfotos aus den Archiven von: Oliver Austen (1), Gerhard Bank (38 + Titel + Rücktitel), Norbert Bank (1), Michael Beitelsmann (1) Olaf Buhler (8), Stefan Czarnecki (3), Michael de Clerque (3), Bernd Eisenschink (8), Joachim Gutjahr (3), Gunter von Hartwig (1), Wolfgang Herdam (5), Jürgen Hörstel (6), Udo Kandler (4), Ingo Kühl (1), Jörg Lempe (4), Jan-Gert Luckner (1), Thomas Menzel (1), Peter Rappold (2), Arndt Schäfer (1), Jörg Schindowski (5), Michael Schulz (1), Thomas Schwade (1), Jürgen Sieger (4), Christoph Simon (1), Udo Steinwasser (3), Bernd-Oliver Sydow (3), Berthold Vatteroth (6), Georg Wagner (14), Ulrich Wehmeyer (2), Christoph Weinkopf (1), Martin Werth (4), Markus Wohlfart (8).

Ein Wort vorab

Die Deutsche Bahn auf dem Weg in die Zukunft – ein bewegtes Eisenbahnjahrzehnt vollendet sich mit dem 31. Dezember 2003. Aus diesem Anlass möchten wir Sie, lieber Leser, zu einem repräsentativen und abwechslungsreichen Streifzug durch diesen Zeitabschnitt vom 1. Januar 1994 bis in das Jahr 2002 einladen.

Über 80 verschiedene Triebfahrzeuge, einschließlich der spezifischen Bauartvarianten der neuen deutschen Bahn – darunter Einsätze in Belgien, Österreich und der Schweiz –, der internationale Zugverkehr in Deutschland mit Lokomotiven und Triebwagen der ČD, NS, ÖBB, PKP, und SNCF sowie Zugleistungen der privaten Eisenbahnverkehrsunternehmen werden in ausgesuchten Fotografien aufgezeigt. Dieses vielfältige Erscheinungsbild ergänzt ein Besuch der bei der Deutschen Bahn verbliebenen Schmalspurbahnen Radebeul Ost – Radeburg sowie Freital-Hainsberg – Kurort Kipsdorf. Auch der Betriebsdienst mit in Deutschland museal erhaltenen Fahrzeugen wird durch die Dampf-, Diesel- und Elektrotraktion im Eisenbahnalltag dokumentiert.

Bestimmen Mitte der neunziger Jahre zunächst noch die bekannten Bundes- und Reichsbahnfahrzeuge die Bestandslisten der Deutschen Bahn, so haben heute vielfach moderne Fahrzeuge ihre Nachfolge angetreten. Bei der Personenbeförderung zeigt sich zugleich die deutliche Trendwende vom lokbespannten Zug zum Triebwagen. Bundesweit haben oftmals „Talent“, „Desiro“, „Regioswinger“ und Co. sowie die sechs ICE-Generationen den klassischen Reisezug im Nah- und Fernverkehr auf Magistralen und Nebenbahnen abgelöst. Im Güterverkehr bestreiten mehr als 300 Fahrzeuge der Baureihen 145, 152, 182 und 185 ihren Teil der elektrischen Zugförderung. Die auffälligste und sicherlich markanteste Güterzuglok dieses Neubauprogramms ist die Baureihe 182. In Anlehnung an die zunächst von der ÖBB beschaffte Universallok, ist dem „Taurus“ der Deutschen Bahn eine stete Aufmerksamkeit bei Eisenbahnfreunden gewiss.

Ein weiteres Thema ist das zusammenwachsende Schienennetz in Deutschland, das manch einem Triebfahrzeug ein neues Einsatzgebiet bescherte.

Waren es zunächst Fahrzeuge der DR, die im Westen Deutschlands über Engpässe hinweghalfen, so erreichten mit der Elektrifizierung der Ost-West-Magistralen unter anderem Lokomotiven der Baureihe 103 Berlin. Weniger spektakulär finden die Triebwagen der Baureihe 624 derzeit auf der alten Ostbahn ein fotogenes Umfeld. Zugleich präsentieren sich die Fahrzeuge der Deutschen Bahn zunehmend in der neuen Farbgebung. Mit der Öffnung des staatlichen Schienennetzes für die Dienstleistung privatwirtschaftlich geführter Eisenbahnverkehrsunternehmen, sowie der Ausschreibung des öffentlichen Personennahverkehrs, ist die Begegnung mit oft farbenfroh lackierten Fahrzeugen im neuen Jahrhundert gewohntes Alltagsbild.

Im Gegensatz zu früher stellt die heutige Zeit uns Fotografen eine vielfach größere Herausforderung hinsichtlich der Bildgestaltung. Vorherrschende Aspekte, unseren Lebensraum in Verbindung mit Lärm- und Umweltschutz zu gestalten, fordern zunehmend Tribut. Der Zeitgeist lässt sich auf dem hier als Beispiel abgebildeten Foto unschwer erkennen. Aber auch die Natur betätigt sich auf gestalterische Weise. Im Gegensatz zu vielen zugewachsenen Standpunkten, ist das Gegenteil in Form von Windbruch oder Sicherungsmaßnahmen der Eisenbahn eher selten der Fall. Eile ist in diesem Fall geboten, denn meist ist die Pflanzenwelt kurze Zeit später wieder in fast unüberwindliche Höhen gewachsen.

Doch zurück zur Fotografie. Auf vielfachen Wunsch möchte ich hier die Gelegenheit nutzen, auf die Frage nach der Wahl des Kameraformates einzugehen. Das Mittelformat bietet bei der Farbsättigung, Bildgestaltung und Wiedergabe aufgrund der vorhandenen Grundfläche unumstritten Vorzüge, wie dies der Größenvergleich im Fall einer gleich großen Reproduktion zeigt. Im Gegensatz zu einem Faktor 5 = 500 % beim Mittelformat, erfordert ein Kleinbilddia den Faktor 10 = 1000 %. Dass das rechteckige, bzw. quadratische Seitenverhältnis 4,5x6/6x7/6x6 cm eindeutig im Vorteil ist, im Gegensatz zum Kleinbild mit 24x36 mm im Verhältnis 2 zu 3, bedarf sicherlich keiner Erklärung.

Die Kleinbildkamera spielt jedoch ihre Vorzüge in Sachen Bewegungsunschärfe, Tiefenschärfe und Planlage aus. Im Gegensatz zum horizontal ablaufenden Verschluss einer Mittelformatkamera von max. 70 mm, legt ein vertikal ablaufender Kleinbildverschluss lediglich 24 mm zurück. Er besitzt den um den Faktor 2,5 kürzeren Wegvorteil und senkt das Risiko einer Bewegungsunschärfe. Während die Blenden 4 oder 5.6 beim Mittelformat fast in den Bereich der Offenblende zu zählen sind, bietet das Kleinbild hier Abbildungsvorteile, wie dies die Situation am Schienenstrang mit Läutewerk im Vordergrund und einem Berg im Hintergrund oft erforderlich macht. Beim Einstellen der Schärfe erfordert das größere Format ein Vielfaches an Sorgfalt und Fingerspitzengefühl. Auch im Hinblick auf die Planlage ist das kleine Filmformat angesichts des Größenunterschiedes unproblematisch und birgt somit weniger Fehlerquellen. Auch wenn ich aus gestalterischen Gründen dem Mittelformat den Vorzug gebe, ist eine Kleinbildkamera immer in meinem Reisegepäck zu finden.

Mir verbleibt nur noch, Ihnen eine beschauliche Reise durch diesen Bildband zu wünschen und mich bei allen Beteiligten für die vorbildliche Zusammenarbeit zu bedanken.

Wesseling, im November 2002 *Gerhard Bank*

ICE
50
0

Linke Seite: Beton ist der prägende Baustoff der Neubaustrecke 472 Köln – Frankfurt, deren Linienführung sich durch den Westerwald und den Taunus am Verlauf der Autobahn 3 orientiert. Mit den für diese Strecke allgegenwärtigen Lärm- und Seitenwindschutzwänden präsentiert sich ein halbes Jahr vor der offiziellen Inbetriebnahme am 14. Februar 2002 ein Triebwagen der Baureihe 403 auf der 992 Meter langen Hallerbachbrücke, unweit von Neustadt an der Wied. Foto: Georg Wagner

Oben: Aber auch Glas und Metall gehören zu den heute bevorzugten Baustoffen. Passend zu Architektur und Design des späten 20. und des beginnenden 21. Jahrhunderts zeigt sich ein weiteres „Paradepferd" der Deutschen Bahn, der Metropolitan Express Train. Am 11. Februar 2000 verlässt der MET 933 Köln – Hamburg Hbf, gezogen von der 101 131-1, den Essener Hauptbahnhof (KBS 415, Köln – Hamm). Foto: Georg Wagner

Oben: Ungewöhnlich gute Sichtverhältnisse bescherten am Abend des 29. Juli 2001 einen weiten Blick über die südliche Zufahrt des Hamburger Hauptbahnhofes bis hin zur Norderelbbrücke. In wenigen Augenblicken wird der IC 1080 „Königssee“ Berchtesgaden – Hamburg-Altona, der planmäßig einen Gepäckwagen in der Touristik-Farbgebung mitführt, die Oberhafenbrücke überqueren. Foto: Jan-Gert Luckner

Rechte Seite: Mit der Regionalisierung zog im hohen Norden der Wettbewerb im Schienenpersonennahverkehr ein. „Netz Nord“ hieß das erste Teilnetz, das 1998 europaweit ausgeschrieben wurde. Es umfasste die Verbindungen Kiel – Husum – Bad St. Peter Ording, Kiel – Neumünster und Kiel – Flensburg. Für die letztgenannte Strecke ging der Zuschlag an die DB Regio. Die übrigen Linien gewann Connex (seinerzeit noch als DEG firmierend), die in Kiel die Nord-Ostsee-Bahn (NOB) gründete. Beide Betreiber beschafften für den Betriebsdienst den LINT 41/H von Alstom, der bei der Deutschen Bahn als Baureihe 648 geführt wird. Am 22. Juli 2001 passiert der NOB-VT 302 auf seiner mittäglichen Fahrt von Kiel nach Husum das – inzwischen durch einen ESTW-konformen Nachfolger ersetzte – Einfahrvorsignal des Kieler Hauptbahnhofs (KBS 134, Husum – Kiel). Ein Jahr nach der Betriebsübernahme im November 2000 verzeichnete die NOB auf dieser Strecke einen Nachfragezuwachs von über 14%. Foto Ingo Kühl

Husum
NOB
VT 302

DB
103 220-0
Fo
H

Linke Seite: Stoff für unendlich lange Diskussionen hat die Touristik-Lackierung der DB geboten, von hässlich bis schön scheiden sich hier die Geister. Zunächst im Touristikverkehr und mit einer gleichfarbigen Zuggarnitur eingesetzt, insbesondere in den Sommermonaten regelmäßig in Richtung Ostsee/Insel Rügen, wurde die 103 220-0 nach dem Entfall dieser Leistung in den normalen Umlauf zurückversetzt. Die Kursbuchstrecke 131 Hamburg – Neumünster – Kiel/Flensburg bietet neben der bekannten Rendsburger Hochbrücke aber auch andere schöne Fotomotive, wie z. B. das Reiterstellwerk in Flensburg. Die Touristiklok hat am 24. Mai 2001 soeben den Wagenpark für den IR 2089 „Flensburger Förde“ aus der Abstellgruppe geholt und wird sich in wenigen Minuten auf die Reise nach Hannover begeben. Foto: Bernd-Oliver Sydow

Oben: Typisch für Großstadtbahnhöfe ist das ständige Kommen und Gehen der Züge. Zeitgleich verlassen am 4. Mai 2000 der ICE 682 „Rudolf Diesel“ München – Hamburg-Altona und die S 21 nach Reinbek den Bahnhof Hamburg-Dammtor. Der 472 031-4 hat die Nase vorn und liegt gut eine Wagenlänge vor dem 401 577-2, während im Hintergrund der 401 056-7 als nächster Zug in die Bahnhofshalle rollt. Foto: Jürgen Sieger

Links: Im Bundesland Mecklenburg-Vorpommern hat sich der Personennahverkehr auf der Schiene vielfach aus der Fläche verabschiedet. Nur wenige an den Ballungsräumen gelegene Verbindungen haben den Sprung in das 21. Jahrhundert geschafft. Auch Privatbahnen, wie der Prignitzer Eisenbahngesellschaft oder der Ostmecklenburgischen Eisenbahn, war nicht immer Erfolg beschieden, den Fortbestand des schienengebundenen Personenverkehrs hier zu sichern. Kursbuchstrecken wie die 174 oder die 187 sucht man heute vergebens im Kursbuch der Deutschen Bahn.
Unsichtbar, hoch oben auf dem Schornstein der alten Brennerei, geht zum Leidwesen des Fotografen die Familie Storch dem Brutgeschäft nach, als der VT 4, alias Laaske (ex 798 680-5 der DB), als RB 81104 am 29. April 2000 Ganzlin (KBS 174, Pritzwalk – Karow – Güstrow) auf dem Weg in Richtung Ostseeküste verlässt. Foto: Gerhard Bank

Rechts: Die Zementpendel der Mitteldeutschen Eisenbahn Gesellschaft (MEG, ein Unternehmen der Deutschen Bahn Gruppe) erreichen vom Zementwerk Rüdersdorf bei Berlin die Ziele Regensburg und Rostock. In der Regel kommen vor diesen Zügen Lokomotiven der Reichsbahn-Baureihe V 180 in Doppeltraktion zum Einsatz. Der MEG-Bestand setzt sich aus drei ehemaligen Werkloks der BUNA-Werke und vier Staatsbahnmaschinen zusammen. In der Nacht vom 9. zum 10. März 2001 beleuchten zusätzlich zwei 1500-W-Scheinwerfer die Zementverladung im Rostocker Überseehafen. Am Pier 2 ist derweil die Lok 206 mit dem Verschub beschäftigt, deren Nachfolge wiederum heute die Reichsbahn-Baureihe V 60 übernommen hat. Foto: Olaf Buhler

Oben: Fünf Jahre zuvor waren in Mecklenburg-Vorpommern die Fahrzeuge und Waggons der Deutschen Reichsbahn ein vertrautes Bild. Pünktlich erreicht am 2. Juli 1995 um 6.59 Uhr die von der 219 034-6 beförderte RB 7603 Wismar – Karow den Bahnhof Dabel (KBS 156). Heute verwehrt ein hoher Zaun den ungestörten Blick auf das schmucke Bahnhofsgebäude, vor dem auf absehbare Zeit mangels Angebot kein Reisezug mehr halten wird. Foto: Gerhard Bank

Rechte Seite: Von den sechs Fahrzeugen der Baureihe 670 ist zum 1. Juli 2002 lediglich der 670 002-5 bei der Deutschen Bahn verblieben. Zunächst ab 1996 auf der Moselstrecke Bullay – Traben-Trarbach eingesetzt, und nach einem Gastspiel der Doppelstocktriebwagen zwischen Weimar und Kranichfeld, verkehrt der letzte 670 der Deutschen Bahn heute zwischen Stendal und Tangermünde. Von seinem Hersteller DWA an die Ostmecklenburgische Eisenbahn als Ersatz ausgeliehen, war der 670 006-6 am 7. Mai 1999 zwischen Neustrelitz Süd und Feldberg anzutreffen. Vor dem Feldberger Bahnhof (KBS 187) wartet die RB 16614 auf den Abfahrtauftrag. Foto: Gerhard Bank

Zur nachfolgenden Seite 16: Im Auftrag der DB verkehrte am 4. Mai 1999 der von seinem Hersteller Talbot / Aachen zur Verfügung gestellte „Vorserien-Talent“ im Dienst der OME als RB 16613 Neustrelitz Süd – Feldberg in der Feldberger Seenlandschaft. Kurz vor seinem nächsten Zwischenhalt in Carpin (KBS 187) rumpelt der Triebwagen über die hier so typische Sandbettung. Doch auch die moderne Bahn vermochte die drohende Stillegung nicht abzuwenden. So hieß es auch hier, ein gutes Jahr später, mit dem nächsten Fahrplanwechsel Abschied zu nehmen. Foto: Gerhard Bank

Zur Abbildung auf Seite 17: In ländlicher Idylle präsentiert sich der ehemalige Bahnhof Petershagen (KBS 209.66, Szczecin-Glowny – Angermünde – Berlin-Zoolog. Garten). Weithin sichtbar blühen die Felder und Wiesen der Uckermark, als am 11. Mai 2000 die 232 607-2 mit der RB 5924 Angermünde – Szczecin-Glowny am Haltepunkt zum Stehen kommt. Foto: Gerhard Bank

Feldberg (Meckl)
Restmüll
DWA-SCHIENENBUS

OME
OME

Oben: Die „Eisheiligen“ bescherten am 12. Mai 2000 nicht nur der Uckermark einen strahlend blauen Himmel. In Beenz rollt an diesem Tag der 628 659-5 als RB 38462 Berlin-Lichtenberg – Prenzlau entlang den blühenden Kastanien seinem nahen Ziel entgegen. Doch in wenigen Tagen ist der Abschnitt Templin Stadt – Prenzlau der Kursbuchstrecke 206.12 mit dem Fahrplanwechsel zum 28. Mai 2000 infolge fehlender Fahrgäste Eisenbahngeschichte. Foto: Gerhard Bank

Rechte Seite: Zu den auffälligsten Fahrzeugen der DB gehören die in Neuruppin beheimateten Triebwagen der Baureihe 646. Deutlich hebt sich der Motorwagen im Zugverband ab, als am 13. Mai 2002 der RE 38293 Rheinsberg – Herzberg/Mark bei Lindow (KBS 209.54) den Liegeplatz der Yacht Norena passiert. Foto: Gerhard Bank

Norena

Oben: Am Abend des 13. Mai 2002 verlässt der RE 38294 nach Rheinsberg gemeinsam mit der RB 39297 nach Neuruppin den Bahnhof Herzberg/Mark. Lediglich die Schienenköpfe glänzen im Licht der untergehenden Sonne, während das hochgewachsene Gras eindeutig von der Sandbettung Besitz ergriffen hat. Foto: Gerhard Bank

Rechte Seite: Je später der Abend, desto schöner das Licht. Die RB 39732, alias 624 678-9, verlässt am 14. Mai 2002 den nach preußischen Normalien errichteten Bahnhof Forst (KBS 209.46, Cottbus – Forst). Nicht nur hier haben die modernisierten und in Cottbus beheimateten Triebwagen der Baureihe 624 ein neues Betätigungsfeld gefunden. Dem Betrachter bietet sich an der westlichen Bahnhofsausfahrt ein interessanter Aus- und Überblick, einschließlich des handbedienten Ladekrans und des städtischen Wasserturms. Foto: Gerhard Bank

Linke Seite: Der IC 42 Krakow-Glowny – Hamburg-Altona gehört zu den herausragenden Zugleistungen auf der Kursbuchstrecke 209.46. Von der SU 45 044 geführt, hat der IC 42 „Wawel“ am Nachmittag des 14. Mai 2002 die östliche Bahnhofseinfahrt von Forst erreicht. Als Besonderheit wird in dieser und der nachfolgenden Fahrplanperiode von montags bis freitags, infolge fehlender Fahrplantrasse, am Zugschluss des InterCitys die RB 39753 (an diesem Tag der 624 678-9) nach Cottbus überführt. Fahrgäste des Regionalverkehrs reisen auf diesem Abschnitt ausnahmsweise und ohne Zuschlag mit dem Fernzug. Foto: Gerhard Bank

Oben: Mit sichtlicher Kraftanstrengung beschleunigt die 219 129-4 am Morgen des 9. Mai 2002 die RB 5803 Berlin-Lichtenberg – Kostrzyn in Müncheberg (KBS 209.26) und passiert die zu diesem Zeitpunkt noch voll funktionsfähige Signalbrücke. Foto: Gerhard Bank

DB
232 097-6

DB
624 670-6
45
F

Zur Abbildung auf Seite 24:
Nicht nur die Müncheberger Signalbrücke hat ihre Reize. Auch im beginnenden 21. Jahrhundert zieren den zweigleisigen Abschnitt der Ostbahn zwischen Trebnitz und Seelow-Gusow die in den dreißiger Jahren des 20. Jahrhunderts aufgestellten Doppeltelegrafenmasten.
Bei Alt-Rosenthal (KBS 209.26) ist am 10. Mai 2002 die 232 097-6 mit einer Schwesterlok gefordert, um den polnischen Koks auf dem Weg in Richtung Berlin in Fahrt zu halten. Bereits eine Minute zuvor kündeten die mit Volllast arbeitenden Maschinen weithin vernehmbar von der schweren Fracht. Mit wehender Staubfahne hat der Güterzug den Anstieg vom Oderbruch zur Märkischen Schweiz hinauf alsbald geschafft. Foto: Gerhard Bank

Zur vorhergehenden Seite 25: Einen Tag zuvor, am 9. Mai 2002, legte sich bei Alt-Rosenthal an der alten Blockstelle 45 der 624 670-6 als RB 5807 schwungvoll in die Kurve, als sich die anwesenden Fotografen in der Kunst der Simultanfotografie üben. Zeitgleich verkünden drei ablaufende Kameraverschlüsse mit einvernehmlicher Geräuschkulisse, dass der „Schuss“ im Kasten ist. Als kleiner Wermutstropfen verblieb zum Schluss der gelungenen Aktion nur noch, vor einer Schwadron beißwütiger Mücken „Reißaus“ zu nehmen und sich der unzähligen „Holzböcke“, den gemeinhin als Zecken bekannten Achtbeinern, zu entledigen. Foto: Arndt Schäfer

Oben: Lebhaftes Treiben herrschte am 16. Juli 2000 auf den Eisenbahngleisen rund um den Berliner S-Bahnhof Warschauer Straße. Neben S– und Straßenbahn, befindet sich der von der 212 155-7 geführte IR 2018 Berlin-Zoologischer Garten – Ostseebad Binz auf seiner Reise an die Ostsee. Auf der Modersohnbrücke wird der Fotograf zu dieser frühen Sonntagsstunde von den vorbeieilenden Nachtschwärmern in Unkenntnis der Sachlage mit manch fragwürdigem Blick bedacht. Foto: Joachim Gutjahr

Rechte Seite: Aus der ursprünglichen Reichsbahn-Baureihe 243 entstanden – als Weiterentwicklung – die Baureihen 112 und 114. Die 39 Maschinen der Baureihe 114 bestreiten fast den gesamten Regionalverkehr im Berliner Raum.
Im Berliner Stadtteil Moabit, ist auf dem Stadtbahnviadukt die 114 026-8 mit dem RE 38053 am 29. Juli 2002 in Richtung Osten unterwegs. Foto: Jürgen Sieger

Ziesar
772 174-9
DB

Linke Seite: Auf den Gleisen der ehemaligen Genthiner Kleinbahn AG ist am 4. Mai 1999 der 772 174-9 aktiv, der um 8.12 Uhr als RB 17502 Ziesar pünktlich verlassen wird. Gut dreieinhalb Wochen später wird vor dem imposanten Bahnhofsgebäude kein „Beförderungsfall“ mehr auf den Zug nach Güsen warten, denn zum 30. Mai 1999 endete auf der Kursbuchstrecke 262 der Reisezugverkehr. Foto: Gerhard Bank

Rechts oben: Vor dem markanten Wasserturm in Großkorbetha (KBS 560, 580, 581, 582) setzt sich am 10. Mai 1997 die 109 089-3 in Szene. Ein gutes Jahr später, zum 31. Mai 1998, erfolgte nach 22 Jahren Betriebsdienst die Ausmusterung der zuletzt beim Betriebshof Halle P beheimateten Maschine. Foto: Martin Werth

Rechts unten: Im Osten Deutschlands waren die Lokomotiven der Baureihe V 60 fast überall zu Hause, wie auch in der Magdeburger Börde. Heute hat auf der Strecke Staßfurt – Egeln die Anhaltische Bahn Gesellschaft im Auftrag der Deutschen Bahn den Betrieb übernommen. Am 20. Mai 1999 befördern die V 60 15364 und die WL3/V15 die Übergabe auf dem Anschlussgleis von Westeregeln. Foto: Udo Steinwasser

Zur nachfolgenden Seite 30: Eigentlich war für den Abend des 11. August 1998 für den IRC 55146 Mannheim – Seddin eine Lok der Baureihe 155 mit Messfahrt-Vorspann angekündigt. Diese Bestellung ließ schon etwas Besonderes erwarten. Im späten Abenlicht fährt dann bei Roßlau, jedoch ohne den erwarteten „Stromcontainer“, die 128 001-5, bzw. 12X ins Bild. Vor dem dunklen Wald hebt sich deutlich die Windabrisskante des Führerstandes ab. Foto: Udo Steinwasser
Zur Abbildung auf Seite 31: Ein Bild wie dieses scheint nach Einführung von „Mora C“ schon fast undenkbar. Im Spätsommer 1999 bediente die Baureihe 346 folgenden CB-Umlauf: Halle Gbf – Roßlau – Coswig/Anh. – Zerbst – Roßlau – Halle Gbf. Die Rückfahrt nach Halle erfolgte am Abend des 2. September 1999 ohne Last, so dass sich die 345 139-0 und 346 901-2 als „doppeltes Lottchen“ auf dem Heimweg befinden. Nur bei extremem Niedrigwasser der Mulde ist dieser Mehrfach-Brückenblick zwischen Roßlau und Dessau (KBS 256) von einer Sandbank im Flussbett aus möglich. Genau drei Jahre und 15 Tage nach dieser Aufnahme versank die hinterste, bereits im Zweiten Weltkrieg teilzerstörte Brücke nahezu vollständig in der Jahrhundertflut des Jahres 2002. Es ragten nur noch 30 cm dieser Brücke aus dem Wasser, der freistehende Pfeiler wurde überspült, wie auch das gesamte Biosphärenreservat Mittelelbe mit seiner Länge von ca. 40 Kilometern und einer Breite bis zu acht Kilometer. Es flossen 4500 m³ Wasser je Sekunde(!) die Elbe hinab. Foto: Udo Steinwasser

DB Cargo
DB Cargo

Oben: Die Nebenbahn Querfurt – Vitzenburg (KBS 587) hat nach der Wende, als Folge des damit verbundenen rapiden wirtschaftlichen Umbruchs, ihre Bedeutung im Kali- und Zementverkehr wie auch den auf die BUNA-Werke ausgerichteten Personenverkehr verloren.
Angemerkt sei auch, dass die Karsdorfer Zementwerke ihren gesamten Gütertransport heute auf die Straße verlegt haben!
Als letzte Chance für die Strecke bestellte die Nahverkehrsgesellschaft Sachsen-Anhalt (NASA) 1997 einen angebotsorientierten Fahrplan im Zwei-Stunden-Takt, den der Reisende im Kursbuch jedoch vergeblich sucht. Die Karsdorfer Eisenbahngesellschaft überließ der Deutschen Bahn ihre MAN-Triebwagen auf Mietbasis! Ohne einen einzigen Fahrgast überquert am 23. Februar 1998 der KEG-VT 2.20 die Steinbogenbrücke bei Grockstädt. Foto: Wolfgang Herdam

171 009-4

DB
219 138-5
Quedlinburg
Qmf

Zur vorhergehenden Seite 33: Weit schweift der Blick in das Harzvorland, als am 20. Juli 1994 der von der 171 009-4 geführte N 8688 bei Blankenburg-Westend (KBS 329, Blankenburg – Elbingerode – Königshütte) an der am Stadtrand gelegenen Kleingartenanlage vorbeizieht. Foto: Georg Wagner

Linke Seite: Zug um Zug übernahmen im Jahr 1998 in der Relation Magdeburg – Thale Hbf die Lokomotiven der Baureihe 219 die Reisezugleistungen von den zugewiesenen „DB-Cargo"-232ern. Die Halberstädter 219 138-5 verlässt am 20. August 1999 Quedlinburg (KBS 331, Halberstadt – Thale Hbf) mit dem RE 36016 Magdeburg – Thale Hbf. Unübersehbar zeugt die Abgasfahne von dem Versuch des Lokführers, die vier Minuten Verspätung doch noch zu verkürzen. Die Nachfolge der „U-Boote" haben bis zum Jahresende 2002 die Lokomotiven der Baureihe 218 angetreten. Foto: Wolfgang Herdam

Oben: Zur EXPO 2000 in Hannover sollte die Relation Halle/Saale – Hannover zur Vorzeigestrecke mit Neigetechnik ertüchtigt werden. Letztendlich reduzierte sich das Projekt des bogenschnellen Fahrens auf den Abschnitt Halle/Saale – Einfahrsignal Halberstadt. Die Bauarbeiten auf diesem Teilstück konnten jedoch bis zur Weltausstellung nicht abgeschlossen werden. Für wenige Wochen kam es so zu einem Vorlaufbetrieb mit alter Sicherungstechnik. Aus Hildesheim kommend, passiert am 8. Oktober 2000 der aus „Regioswingern" gebildete RE 3613 das Einfahrsignal von Frose (KBS 330, Goslar – Halberstadt – Aschersleben – Halle/Saale). Foto: Wolfgang Herdam

Oben: Nur ein Trabi, eine Sachsen-Harley aus Zschopau, ein Radfahrer oder die Frau mit Kinderwagen fehlte, als am 30. Mai 1999 die 232 187-5 mit dem RE 3605 Goslar – Halle am Schrankenposten 45 bei Aschersleben (KBS 330, Halberstadt – Aschersleben – Halle) vorbeizog. Foto: Gerhard Bank

Rechte Seite: Ein Hauch von Nebel waberte über die Altmark, als sich am frühen Morgen des 26. Mai 2001 der 772 319-0 als erster Zug des Tages unweit von Kalbe/Milde (KBS 307) auf dem Weg nach Hohenwulsch befand. Nur zwei Wochen später, am 9. Juni 2001, befuhr letztmalig ein planmäßiger Reisezug das verbliebene gut 15 Kilometer lange Teilstück der ehemaligen Altmärkischen Kleinbahn AG. Nach dem Willen der Verkehrspolitiker endete auf weiteren 11 Strecken in Sachsen-Anhalt der Reisezugverkehr zum 1. Oktober 2002, darunter die Kursbuchstrecken 301 Salzwedel – Oebisfelde und 303 Salzwedel – Wittenberge. Foto: Gerhard Bank

Oben: Die Baureihe 228 erhielt trotz umfangreicher Abstellungen im Jahr 1993 noch ein neues Aufgabengebiet. So erreichten die Loks von Nordhausen aus zweimal täglich den westlichsten Wendepunkt Altenbeken. Die Nordhausener Lokomotiven zeichneten sich stets durch einen hervorragenden Pflegezustand aus; so auch die 228 791-0, die am 4. Januar 1995 gerade Walkenried (KBS 357, Northeim – Scharzfeld – Bad Lauterberg / Nordhausen) mit dem E 3657 Altenbecken – Dessau erreicht hat. Foto: Jürgen Hörstel

Rechte Seite: Die erste Werbelok der Baureihe 152 mit einer Würdigung des 100-jährigen Bestehens des Verkehrsmuseums Nürnberg verdanken wir dem Engagement eines bekannten Göppinger Modellbahnherstellers. Die 152 001-4 ist am Abend des 29. Juli 1999 mit einem Güterzug im Leinetal bei Banteln (KBS 350, Hannover – Göttingen) in Richtung Norden unterwegs. Aus der Ferne grüßen die „Sieben Berge" bei Alfeld. Foto: Jürgen Hörstel

DB
märklin
152 001-4
100 Jahre

Linke Seite: Die unterschiedlichen Transportleistungen auf den Relationen Nord – Süd bzw. Ost – West führen infolge nicht vorhandener Rückleistungen zu der Situation, dass man den Lokomotivüberschuss als Lokzug abfährt. Bekanntes Beispiel hierfür sind unter anderem die Lokzüge am Rhein.
Für den Fotografen unerwartet, befördert die 155 054-0 am 16. April 1997 bei Wunstorf (KBS 370, Bielefeld – Herford – Minden – Hanonover) einen Sechsfach-„Containerzug" in Richtung Osten. Foto: Jürgen Hörstel

Oben: Nach dem Roll-out der ersten Hochleistungslok für die schwedisch-norwegische Erzbahn Narvik – Kiruna – Luelå ist am 17. August 2000 die 145 003-0 mit der Aufgabe betreut, das 12-achsige Ungetüm vom Adtranz-Werk in Kassel (zwischenzeitlich Bombardier) nach Rostock zur Verschiffung nach Schweden zu befördern. Die Doppellok IORE 101/102 musste für diese Fahrt geleichtert werden, da 360 t Gesamtgewicht bei 30 t Achslast zuviel für den Oberbau des DB-Netzes gewesen wäre. So „rollten" die Original-Drehgestelle sowie einige andere Bauteile auf separaten Güterwagen. Bei Northeim (KBS 350, Hannover – Göttingen) war der TKC 48980 Kassel – Kiruna auf dem Weg an die Ostsee. Foto: Jürgen Hörstel

Oben: Norddeutsche Landschaft; weites flaches Land prägt bei Sande (KBS 392, Wilhelmshaven – Osnabrück) die Landschaft entlang des niedersächsischen Wattenmeeres. Anscheinend unbeeindruckt von dem am 31. März 1997 herannahenden IR 2583 Wilhelmshaven - Hannover und seiner Zuglok 218 206-1, sah das Schaf im beginnenden Frühling sichtbar Mutterfreuden entgegen. Foto: Jörg Schindowski

Rechte Seite: Für die Jahreszeiten Herbst und Winter typisch, zeigen besonders die frühen Morgen- beziehungsweise die späten Abendstunden ein intensiv ausgeprägtes Licht- und Schattenspiel.
Zwischen Ostercappeln (KBS 385, Bremen – Osnabrück – Münster) und Vehrte befördert die 103 178-0 den IC 703 „Alster-Kurier“ am 4. November 1999 von Hamburg nach Nürnberg. Foto: Georg Wagner

DB

Oben: Eine willkommene Verjüngung des Lokomotiv- und Fahrzeugbestandes bescherte die Wiedervereinigung der Deutschen Bundesbahn. Die seit 1992 als Baureihe 143 bezeichneten Lokomotiven waren bereits drei Jahre später im Güterzugdienst der Deutschen Bahn zunächst nicht mehr wegzudenken. So lässt am 11. Januar 1995 der „wohlgefüllte" Führerstand der 143 954-6 auf umfangreiche Personalschulungen schließen, als der Zug die Industriekulisse bei Scholven (KBS 423, Borken – Bottrop – Essen / Oberhausen) passiert hat und bald den Bottroper Bahnhof erreichen wird. Foto: Jörg Schindowski

Rechte Seite: Die Geschichte des Ruhrgebietes ist eng mit den Rohstoffen Kohle und Erz verknüpft. Auch wenn sich das Ruhrgebiet infolge des Strukturwandels in eine vielfach grüne Landschaft verwandelt hat, gehörte im ausklingenden 20. Jahrhundert der Transport von Flüssigeisen zu den Transportleistungen der Deutschen Bahn. Auf der Rückfahrt von Gelsenkirchen nach Duisburg befinden sich am 28. Juli 1999 die leeren Torpedopfannenwagen nebst Zwischenwagen im Schlepptau der 364 547-0, als das Gespann die Kulisse der stillgelegten Kokerei Zollverein in Essen-Altenessen passiert. Foto: Jörg Schindowski

364 547-0
4
83
8

DB
145 003-0
49
4

Linke Seite: Nach der Verlegung des Reiseverkehrs von Herne und Recklinghausen auf den Bochumer Hauptbahnhof, wurde der an der rheinischen Strecke gelegene Personenbahnhof Bochum-Präsident im Jahre 1979 stillgelegt. Vom aufgelassenen Bahnsteig hat man einen guten Blick auf das Wahrzeichen des Deutschen Bergbaumuseums. Es handelt sich hierbei um das von der Zeche Germania in Dortmund-Marten umgesetzte und begehbare Doppelstrebengerüst. Unterhalb des Förderturms befördert ein Fahrstuhl die Besucher in eine Teufe von exakt 18 000 mm, wo ein Schaubergwerk eingerichtet ist. Hier wird Wissenswertes zur Technik und Geschichte des Ruhrkohlebergbaus gezeigt. Am Nachmittag des 26. Juni 2001 ist die 145 003-0, hier mit einem aus FAL-Wagen gebildeten Ganzzug, in Richtung Westen unterwegs. Foto: Berthold Vatteroth

Oben: Viele Gleise enden im Nichts, und auch der funkelnagelneue 426 024-6 kann über die wirtschaftspolitischen Strukturprobleme der Deutschen Bahn nicht hinwegtäuschen. Die gekappten Schienen sowie das leere Gleisbett sprechen eine deutliche Sprache. In Iserlohn (KBS 427, Iserlohn – Hagen – Witten – Dortmund / Essen) ist am 16. Juni 2001 die RB 73188 auf dem Weg nach Letmathe. Foto: Berthold Vatteroth

Oben: Im Frühjahr 1998 war der Blue Tiger der Firma Adtranz für mehrere Wochen im Ruhrgebiet im Einsatz. Die Leistungen wurden hauptsächlich zwischen den Stahlwerken in Bochum und Duisburg erbracht. Die bei der Deutschen Bahn als 250 001-5 eingereihte Maschine ist am 23. April 1998 mit dem CL 61818 Bochum-Präsident – Hütte Krupp Mannesmann bei der Einfahrt in den Anschluss der letztgenannten Hütte zu beobachten. Foto: Berthold Vatteroth

Rechte Seite: Nicht nur Eisenbahngleise verschwinden; so ist auch der Kaiserhafen in Duisburg, weil zwischenzeitlich zugeschüttet, bereits Verkehrsgeschichte. Am 17. April 1997 versieht hier die 294 266-2 das Rangiergeschäft und gibt sich mit dem Versorger Aral 2 ein Rendezvous. Foto: Georg Wagner

COFERAL
294 266-2

Oben: Geschmackvoll und einfach nur elegant ziert das Signet der Niederländischen Staatsbahn die gemeinsam mit der Deutschen Bahn beschafften Mehrsystem-Triebwagen der Baureihe 406. Bei Friedrichsfeld (KBS 420, Emmerich – Wesel – Oberhausen – Duisburg) schiebt sich am 24. Mai 2001 der 406 053-9 als ICE 150 „Erasmus“ Köln – Amsterdam eindrucksvoll aus der Kastenbrücke. Foto: Georg Wagner

Rechte Seite: Einem Blick auf die Landkarte kann man nicht vertrauen, denn eher unscheinbar zieht sich die heute von der REGIO-Bahn betriebene Kursbuchstrecke 450.28 Kaarst – Mettmann wie ein Strich durch die Landschaft. Dennoch bot sich dem Fotografen ein idyllisches Frühlingsbild, als am 18. April 1994 bei Kaarst der aus dem 515 526-2 gebildete N 8765 entlang des Nord-Kanals seine Bahn zog. Foto: Jörg Schindowski

Linke Seite: In den letzten Jahren ist die Reichsbahn-Baureihe 132 mehrfach modifiziert worden. Neben dem Einsatz im Ruhrgebiet gelangen die nun als Baureihe 241 bezeichneten Loks im internationalen Güterzugdienst von Aachen aus nach Montzen / Belgien. Ein Bilderbuchmotiv ist das 1153 Meter lange Geultalviadukt hoch über den Dächern von Morsnet. Nach der derzeit durchgeführten Sanierung der Brückenpfeiler soll aus Lärmschutzgründen die Gitterkonstruktion gegen eine Stahlwanne gewechselt und zugleich die Strecke elektrifiziert werden. Von den Bauarbeiten noch unbetroffen, präsentiert sich der östliche Brückenteil am späten Abend des 25. Juni 2002 mit einem westwärts fahrenden Güterzug in alter Schönheit. Foto: Gerhard Bank

Oben: Schnee ist im direkten Umfeld der Kölner Bucht eher Mangelware, doch zum Jahreswechsel 2001/2002 zeigte sich der Winter von seiner schönen Seite. Auch wenn die Ackerkrume bei Euskirchen (KBS 474, Köln – Trier) nur spärlich bedeckt war, bietet die Wasserburg Veynau am 1. Januar 2002 eine willkommene Bildbereicherung für die RB 24/11611 Köln-Deutz – Kall. Foto: Gerhard Bank

Zur nachfolgenden Seite 54:
Ein vertrautes Bild auf der Relation Köln – Aachen sind die TGV der SNCF mit ihrer attraktiven Farbgebung. Bei Düren (KBS 480, Aachen – Düren – Köln) hat am 8. Februar 1998 der Thalys 9444 Köln – Paris soeben die bekannte und unter Denkmalschutz stehende Rurbrücke überquert. Foto: Gerhard Bank

DB

Zur vorhergehenden Seite 55: Unendlich sind die Bauarbeiten am Kölner Dom. So bietet sich selten die Gelegenheit, das Wahrzeichen von Bonn nach Köln fast gerüstfrei zu fotografieren. Am Morgen des 26. Juni 2001 begegnen sich hier der 402 014-5 und der 423 045-4 auf dem Weg nach Bergisch Gladbach. Foto: Gerhard Bank

Oben: Der ICE 947 „Alice Salomon" hat am 12. Mai 1999 bei Brühl (KBS 470, Köln – Koblenz) erst ein kurzes Teilstück auf seiner Reise nach Berlin zurückgelegt, als sinniger Weise an diesem Abend die Sonne für einen Augenblick die Fahrt durch die Kölner Bucht beleuchtete. Foto: Norbert Bank

Rechte Seite: Unerkannt sind am Abend des 28. Februar 2002 die beiden Loks der Baureihen 185 und 140 geblieben, die bei Bornheim (KBS 470) mit ihrem Güterzug in Richtung Köln eilen. Erst kurze Zeit zuvor hatten hier die Mitarbeiter der Bahnmeisterei für den notwendigen Durchblick gesorgt. Foto: Gerhard Bank

Links: Zum Eisenbahnalltag im ersten Jahrzehnt der Deutschen Bahn gehört der Einsatz von Regelspur-Dampflokomotiven im planmäßigen Güterzugdienst. So pustet am 19. Oktober die 44 1616 in Brügge (KBS 434, Dortmund – Hagen – Lüdenscheid) munter ihre Dampfwolken in die Luft. Den Personennahverkehr auf dieser Strecke betreibt heute die Dortmund-Märkische Eisenbahn GmbH. Foto: Thomas Menzel

Rechte Seite: Viele Farbvarianten kennzeichnen insbesondere die Geschichte der Deutschen Bundesbahn. Im Jahr 1996 bedurfte es im Kölner Umland großen Glücks, eine komplette und vor allem graffitifreie CityBahn-Garnitur vor die Linse zu bekommen. Diese Wagengruppe wurde zunächst für die Verbindung Köln – Meinerzhagen aus Silberlingen umgebaut und umlackiert. Sie ist nicht mit der S-Bahn-Lackierung zu verwechseln. In Schladern (KBS 460, Köln – Au – Betzdorf – Siegen) rumpelt auf dem Nachkriegsprovisorium am 1. Februar 1996 die 111 117-8 mit der S 6572 Au – Köln-Nippes über die Sieg. Foto: Wolfgang Herdam

Zur nachfolgenden Seite 60: Die Deutsche Bahn beschaffte insgesamt 30 Fahrzeuge der in Dortmund beheimateten Baureihe 640. Ihre Einsatzgebiete erstrecken sich von dort u. a. bis ins Sauerland und das Rothaargebirge. Zu Beginn des Jahres 2002 machte der Winter seinem Namen alle Ehre und sorgte eine Woche lang für äußerst annehmbares Fotowetter, als sich am 5. Januar 2002 die RB 73824 bei Attendorn (KBS 442, Finnentrop – Olpe) mit dem Fotografen ein „Stelldichein“ gab. Foto: Gerhard Bank

Zur Abbildung auf Seite 61: Heute dominieren die Triebwagen der Baureihe 425 den Regionalverkehr auf der Kursbuchstrecke 440 (Hagen – Werdohl – Siegen). Bei Benolpe ist am 10. November 2001 der RE 73930 Hagen – Au (Sieg) unterwegs. Foto: Berthold Vatteroth

Linke Seite: Die Ruhr-Sieg-Strecke ist eine wichtige Nord-Süd-Verbindung in Deutschland, insbesondere zwischen dem Ruhrgebiet und Hessen sowie Bayern, wenngleich die Zugdichte in den letzten 10 Jahren deutlich abgenommen hat. Ein schwerer Coilzug (Stahlblechrollen, hauptsächlich für die Automobilindustrie) überquert am 26. März 2002 bei Werdohl (KBS 440) eine der zahlreichen Lennebrücken. Für eine gute halbe Stunde folgt die 151 055-1 weiterhin mit ihrem Zug dem Talverlauf der Lenne, bevor sie den Scheitelpunkt der Strecke bei Welschen-Ennest bezwingen wird. Foto: Michael Beitelsmann

Oben: Im wahrsten Sinne des Wortes hat sichtbar die Säge gekreist. Zwischen Hillnhütten und Dahlbruch(KBS 443, Siegen – Erndtebrück – Bad Berleburg) bietet sich am 2. Juni 2002 ein weiter Blick ins Land, als die aus 640 011-3 und 640 002-2 gebildete RB 73866 das Rothaargebirge hinter sich lässt. Foto: Michael de Clerque

Linke Seite: Der nördliche Abschnitt der Kursbuchstrecke 610 zwischen Kassel und Bebra rückte in den letzten Jahren zunehmend in das Blickfeld vieler Eisenbahnfotografen. Grund hierfür waren die hier eingesetzten Lokomotiven der Baureihe 103 vor den Interregios der „Mitte-Deutschland"-Verbindung. Der Regionalverkehr wurde jedoch überwiegend von den Frankfurter 110er und 141er geprägt. Über die Fuldabrücke bei Guntershausen schiebt am 11. März 2002 eine 110er den RE 14022 Fulda – Kassel. Foto: Bernd-Oliver Sydow

Rechts: Die Kursbuchstrecke 611 Kassel – Eichenberg – Göttingen orientiert sich in ihrem Verlauf an den Flüssen Fulda, Werra und Leine.
Zwischen Ihringshausen und Speele durcheilt die 155 124-1 mit einem Kesselwagenganzzug am 11. Februar 1999 die winterliche Berglandschaft. Foto: Georg Wagner

Mit dem Fahrplanwechsel vom 14. auf den 15. Dezember 2002 und der damit verbundenen vollen Einbindung der neuen Schnellverbindung Köln – Frankfurt/M. (KBS 472) in das bestehende Fernverkehrssystem wird sich auch das Einsatzgebiet der Baureihe 403 neu ausrichten. Auf der „alten“ Neubaustrecke überquert am 10. Mai 2001 der ICE 881 „Albrecht Dürer“ Hamburg – München bei Niederaula (KBS 351, Hannover/Hildesheim – Kassel – Würzburg) eine der für diese Strecke typischen Talbrücken. Foto: Georg Wagner

Nur noch wenige Fahrzeuge der Deutschen Bahn tragen mit dem Beginn des neuen Jahrtausends ihr altes Farbkleid. Unweit von Schöllenbach (KBS 641, Darmstadt/Hanau – Wiebelsbach-Heubach – Eberbach) ist am 29. Juni 1995 jedoch die Museumslokomotive 212 023-6 mit dem fast durchgängig aus türkis/beigen Schnellzugwagen gebildeten Leerreisezug 36230 auf der Odenwaldbahn unterwegs. Foto: Thomas Schwade

Linke Seite: Dem Betrachter zeigte sich 1996 im Lahntal ein farbiger Bahnalltag, mit den für diese Zeit bunt gemischten Reisezuggarnituren, wie hier am 24. Oktober 1996. Unverkennbar verraten die Waggons ihre einstige Zugehörigkeit. Das schöne Herbstwetter nutzte derweil nicht nur der Fotograf. Ein Radfahrer verlässt seinen sonnigen Rastplatz am Lahnufer und wird nach kurzer Fahrt – wie auch die 216 117-2 mit der RB 6944 Gießen – Koblenz Hbf am Haken – die Ortschaft Runkel (KBS 625, Koblenz – Limburg –Gießen) erreichen. Foto: Gerhard Bank
Oben: Kurze Zeit zuvor ist in Runkel am gleichen Tag die 335 087-3 mit ihrer Übergabe, unterhalb der rund 800-jährigen Trutzfeste Schadeck, lahnaufwärts unterwegs. Diese Form der Dienstleistung ist wenige Jahre später bei der Deutschen Bahn ein ungeliebtes Kind, wie nicht nur die ständige Aufgabe von Güterbahnhöfen beweist – Mora C läßt grüßen. Foto: Gerhard Bank

Links: Ein Besuch der „Bunten Kuh" bei Walporzheim (KBS 477, Ahrbrück – Remagen) gehört zum Pflichtrepertoire jeder Reise an die Ahr. Doch die Felsnase richtig in Szene zu setzen, ist nicht einfach. Nur mit Gummistiefeln lässt sich der nasse und glitschige Standpunkt des Fotografen in der Ahr erreichen. Nach mehreren Anläufen war es am 2. Oktober 2001 endlich soweit, als die von dem 643 012-8 geführte RB 22541 ins „Netz" ging. Der zu diesem Zeitpunkt auf Futtersuche befindliche Graureiher verstand es, pünktlich mit dem Erscheinen der RegionalBahn, hinter den Brückenpfeilern zu verschwinden. Foto: Gerhard Bank

Rechte Seite: Wer mag wohl den Besen am Bank-Tunnel vergessen haben, oder war dies bereits ein symbolischer Hinweis auf sich „überstürzende Ereignisse" im Rheintal zwischen Koblenz und Bingen? Mehrere Geröllabgänge und Hangrutsche entlang der Kursbuchstrecke 471, auch unmittelbar im Bereich des Bank-Tunnels, erforderten umfangreiche Sicherungsarbeiten an Böschungen, Felsen und Hängen bis in den Sommer 2002 hinein. Am 3. Februar 2002 war die Welt scheinbar in Ordnung, als die 146 005-4 mit der RB 22781 Koblenz – Mannheim am östlichen Tunnelkopf ins Tageslicht tauchte. Foto: Christoph Simon

Zur folgenden Seite 72: Mit der Öffnung des staatlichen Schienennetzes haben auch die privaten Eisenbahngesellschaften Zugang zum Schienennetz der Deutschen Bahn erhalten. Oberhalb der „Marksburg"/Braubach (KBS 466, Koblenz – Wiesbaden) schlängelt sich am 2. Juni 2002 die 1116 901–8 mit einem Containerzug stromaufwärts. Als einzige Höhenburg am Rhein ist die Burg, bis auf einen Brand, von den vielen Kriegswirren am Rhein weitgehend verschont geblieben. 1899 wechselte die Burg für 1000 Mark in das Eigentum der „Vereinigung zur Erhaltung deutscher Burgen", mit dem Ziel, die Burg der Nachwelt zu erhalten. Foto: Gerhard Bank

Mannheim Hbf
DB
146 005-4
BANKTUNNEL
367 m
F

ES 64 U2 - 901
1116 901 - 8
HUPAC
moving together
116

Eine der wenigen stabilen Hochdrucklagen des Jahres 2002 bescherte dem Westen Deutschlands in der Osterzeit eine fast zweiwöchige Schönwetterperiode. Ungewöhnlich und auf Grund der bis dahin geringen Sonnenscheindauer erlebte das Rheintal einen ungewohnten Frühlingsbeginn. Fast zeitgleich öffnete die Pflanzenwelt vom Weißdorn bis hin zu Kirsch- und Apfelbäumen ihre Blütenpracht. Infolge der beschriebenen Sanierungsarbeiten auf der linksrheinischen Schiene wurden bis in den Monat Juli ein bis zwei InterCity und EuroCity stündlich und in beiden Richtungen auf die rechte Rheinseite umgeleitet. Bei Osterspay (KBS 466) rauscht am 6. April die 101 069-3 vor einem verspäteten InterCity nebst einem defekten Steuerwagen durch die blühende Streuobstwiese. Kein Zufall war jedoch der Einsatz der drei „Winkeelemente“. Für eine angemessene Aufbesserung ihres Taschengelds hatten die drei Jungs ihren Spaß, dem Fotografen Bewegung ins Bild zu bringen. Foto: Gerhard Bank

Nur wenige Güterzüge sind bei Tageslicht auf der Kursbuchstrecke 471 Koblenz – Frankfurt/Main zu beobachten. Auf dem Weg in Richtung Koblenz befindet sich am 10. April 2001 bei Bacharach die „Railion“ 152 086-5 mit ihrer Fracht. Aber nicht nur die Eisenbahn ist im Rheintal vor geologische Probleme gestellt. Durch die Staustufen der Nebenflüsse bedingt, ist der Eintrag von Geröll- und Gesteinsmassen in den Rhein weitgehend unterbunden. Durch dieses fehlende Element hat sich die Fließgeschwindigkeit des Wassers erhöht, und der Fluss gräbt sich schneller in sein Bett. Die Gefahr einer Riffbildung durch stehenbleibendes hartes Gestein ist somit nicht ausgeschlossen. Ernsthafte Erwägungen, in den nächsten Jahren gezielt mehrere hunderttausend Tonnen Kies, Geröll und Schotter im Rhein zu versenken, werden derzeit in Betracht gezogen. Ziel dieser Maßnahme ist es, die Fließgeschwindigkeit des Wassers zu reduzieren.
Foto: Michael de Clerque

Rechts: Nett hier in Baden-Württemberg? Wellmich und die Burg Maus waren in der Fotosaison 2002 angesichts der umgeleiteten EC und IC schlichtweg eine der Pilgerstätten für Eisenbahnfreunde im oberen Rheintal. Hoch oben, von einem kleinen Obstgarten aus, bietet sich am 2. Juni 2002 ein uneingeschränkt schöner Landschaftsblick, als der von der 101 075-0 geführte EC 2 „Rembrandt" Chur – Amsterdam die beschriebene Kulisse passiert. Ungeklärt blieb jedoch, welch hübsche „Nixe" den Sommerabend am Rheinufer genoss. Die Erlaubnis zum Bau der Burg Maus wurde dem Trierer Erzbischof 1356 erteilt, der mit ihr seinen neu gewonnenen Besitz gegen die Grafen von Katzenelnbogen sicherte. Im Übrigen haben es die Herren der Burg Katz nie vermocht, sich die Burg Maus einzuverleiben. Foto: Gerhard Bank

Zur nachfolgenden Seite 76: Unesco-Welterbe „Oberes Rheintal" – Nur schwerlich lassen sich die hier in den Ortsdurchfahrten geplanten Lärmschutzwände vorstellen, deren Baumaßnahmen im Jahr 2003 beginnen sollen. Ob sich die Anwohner über das wahre Ausmaß dieser Entscheidung im Klaren sind? Noch ohne jegliche Sichtbehinderung rumpelt im März 2002 die 140 617-2 vor einem Güterzug durch Aßmannshausen (KBS 466) stromaufwärts. Foto: Joachim Gutjahr

DB
140 617-2
KAISER

DB
182 023-2

120 286

Zur vorhergehenden Seite 77: Wie bei der Burg Maus geht die Geschichte der Burg Katz oberhalb von St. Goarshausen (KBS 466) bis in das 14. Jahrhundert zurück. Während die erstgenannte auf Abbruch versteigert wurde, besiegelte 1806 auf Weisung Napoleons eine Sprengladung das Schicksal dieser Anlage, die von den Grafen von Katzenelnbogen errichtet wurde. Der Landrat des Kreises St. Goarshausen erwarb 1896 die Ruine der Burg Katz, um sie in Anlehnung an das historische Aussehen und auf den alten Grundmauern neu zu errichten.
Auf eine wesentlich kürzere Lebensgeschichte kann sicherlich die Nürnberger 182 023-2 zurückblicken, die am 6. April 2002 mit dem IRC 51515 die historische Kulisse hinter sich lässt. Foto: Gerhard Bank
Linke Seite: Die DB-Cargo beendete zum 31. Dezember 2001 ihre Tätigkeit als Dienstleistungsbetrieb auf der Relation Köln – Gerolstein. Das Frachtgeschäft in der Eifel übernahm die Gummersbacher Eisenbahn Verkehrsgesellschaft im Bergisch-Märkischen Raum mbH (EBM). Wo einst Carl Bellingrodt in den 1930er Jahren nicht nur die Lokomotiven der Gattung P 10 fotografierte, zeigt sich am 3. Januar 2002 bei Pelm (KBS 474, Köln – Euskirchen – Gerolstein – Trier) die EBM 120 286 mit der CB 57829 Mechernich – Gerolstein vor der bekannten Burgruine Kasselburg, die heute in einen Adler- und Wolfspark integriert ist. Foto: Berthold Vatteroth
Oben: Mit dem Fernziel Port Bou hat am 20. Juli 1996 die 181 215-5 mit dem Saison-Schnellzug D 1273 von Köln kommend die Stadt Luxembourg erreicht, als sie mit ihrem Zug den südlichen Stadtviadukt überquert. Parallel zur Eisenbahnbrücke verläuft ein Teilstück der ehemaligen Wehrbefestigung. Die Stadt verfügte darüber hinaus über weitreichende unterirdische Verteidigungsanlagen. Diese „Kasematten“ bieten heute dem Besucher einen aufschlussreichen Einblick in die Vergangenheit. Foto: Christoph Weinkopf

Oben: Mit dem IR 2265 Trier – Friedrichshafen hat am 19. Juni 1994 die 120 115-1 soeben die westliche Einfahrt des Saarbrücker Hauptbahnhofs erreicht. Für den Ortsunkundigen stellt sich die berechtigte Frage des „Woher und Wohin“. Die Strecken aus Trier (KBS 685), Forbach/Metz, Großrosseln/Dorf im Warndt treffen hier auf zwei Güterumfahrungsgleise. Nach den Plänen der Deutschen Bahn endete mit dem Fahrplanwechsel im Dezember 2002 der hochwertige Reiseverkehr zwischen Trier und Saarbrücken. Foto: Martin Werth

Rechte Seite: Eng verbunden ist die Geschichte des Saarlandes, wie auch jene des Ruhrgebietes, mit dem Kohlebergbau und der Weiterverarbeitung von Erz zu Stahl. Vor dem denkmalgeschützten und vorbildlich restaurierten Förderschacht der stillgelegten Schachtanlage in Fischbach-Camphausen (KBS 681) zeigt sich am 9. August 1996 die 212 377-6 mit der RB 4663 Saarbrücken – Lebach. Foto: Berthold Vatteroth

Links: Allen Unkenrufen zum Trotz wurde die am 25. Oktober 1997 eröffnete, grenzüberschreitende Saarbahn zwischen Saarbrücken und Sarreguemines (KBS 684) ein voller Erfolg. Bei Güdingen ist im Oktober 2000 eines dieser Zweisystem-Niederflurschienenfahrzeuge im Einsatz. Im Kursbuch der Deutschen Bahn ist dieses Zugangebot im Gegensatz zu den zwei offiziellen Zugpaaren des Fahrplans 2002 nicht verzeichnet.
Fahrzeuge der Saarbahn sind zwischenzeitlich an die Kasseler Verkehrsgesellschaft verliehen worden, die im Auftrag der DB Regio diese Triebwagen wiederum auf der Kursbuchstrecke 430 Kassel – Warburg einsetzt. Ziel ist die umsteigefreie Anschlussfahrt in das Stadtgebiet von Kassel.
Foto: Martin Werth

Rechte Seite: Ein weiteres Kapitel moderner Verkehrspolitik sind die weitreichenden Streichungen der InterRegio-Verbindungen.
Vom Land Rheinland-Pfalz als Ersatz für den vorgenannten Fernverkehr bestellt, gebildet aus in Regio-Farben umlackierten IR-Wagen, unter identischer Beibehaltung der Fahrzeiten und zunächst als InterRegioExpress angedacht, endete zum 15. Dezember 2002 die Episode der nun als RegionalExpress geführten Züge. Von der Burgruine Frankenstein (KBS 670) aus aufgenommen, passiert am 29. März 2002 der von der 101 133-7 gezogene RE 3338 Mannheim – Saarbrücken die gleichnamige Ortskulisse. Foto: Ulrich Wehmeyer

DB
110 211-0
2
2
F

Linke Seite: Gut acht Meter war das Gebüsch bei Neckargemünd (KBS 705, Heidelberg – Heilbronn) laut dem anwesenden Kleingärtner in die Höhe gewachsen, bevor ein radikaler Schnitt für klare Sichtverhältnisse sorgte. Nach dreistündiger Wartezeit und mehreren durchgefahrenen Wendezügen legt sich am Abend des 1. April 2002 die 110 211-0 mit dem RE 3812 unterhalb der Dorfburg Dilsberg in die Kurve. Foto: Gerhard Bank

Oben: Die Gunst des Zufalls währt oft nur kurz. Aus luftiger Höhe bietet sich am 5. November 2000, aus dem noch unverglasten 14. Stock eines im Bau befindlichen Bürogebäudes, ein weiter Ausblick über die Stadt Mannheim und das westliche Gleisvorfeld des Mannheimer Hauptbahnhofs. Auf seiner Fahrt von Berlin Ostbahnhof nach München Hbf wird der ICE 593 „Walter Gropius" gleich seinen nächsten Zwischenhalt einlegen. Foto: Ulrich Wehmeyer

Oben: Kurz nach Sonnenaufgang passiert am 28. August 2001 die verkehrsrote 103 233-3 mit dem NZ 1907 Hamburg – Stuttgart den an der Main-Neckar Bahn gelegenen Weiler Neuzeilsheim bei Ladenburg (KBS 650, Frankfurt/M. – Darmstadt – Mannheim/Heidelberg). In dieser Fahrplanperiode war dieser Nachtzug ab Frankfurt/M. eine Planleistung der Baureihe 120. Jedoch nutzte man sie gerne, um Lokomotiven der Baureihe 103 von Frankfurt/M. nach Stuttgart zu überführen. So bestand im neuen Jahrtausend noch einmal die Gelegenheit die eleganten Schnellzugloks vor dem Talgo-Nachtzug zu erleben. Foto: Joachim Gutjahr

Rechte Seite: Die Reihen in der V-160-Familie der Deutschen Bahn haben sich gelichtet. Während der Bestand der Baureihen 216 und 215 im Sommer 2002 keine 100 Exemplare mehr umfasst, ist die Baureihe 218 für die Deutsche Bahn nach wie vor unverzichtbar. Die 218 395-2 hat mit der RB 28035 Karsruhe Hbf – Freudenstadt Hbf am 16. Oktober 2001 alsbald den Bahnhof Schönmünzach (KBS 716, Rastatt – Freudenstadt) erreicht. Ihren Namen verdankt die Murgtalbahn dem im Vordergrund dahin fließenden Fluss. Foto: Michael Schulz

Zur nachfolgenden Seite 88: Zwischen Hausach und Freudenstadt verrichten in der Fahrplanperiode 2001/02 die Triebwagen der Baureihe 627 weitgehend den Gesamtverkehr. Am Morgen des 18. Juni 2000 verlässt der 627 007-8 den 100 m langen Schenkenberg-Tunnel, auf dessen Rücken, unsichtbar für die Fahrgäste der RB 28048, die Burgruine Schenkenberg thront. Foto: Gerhard Bank

Schenkenberg-Tunne
100m
627 007-8
DB

Zur vorhergehenden Seite 89: Die Triebwagen der Baureihe 611 standen bislang unter keinem glücklichen Stern. Wie ein roter Faden zieht sich eine Pannenserie nicht funktionierender Neigetechnik durch ihren Lebenslauf. Zu den Einsatzgebieten gehört auch das obere Donautal. In dieser urwüchsigen Landschaft ist am 6. August 1998 der 611 034-0 als RE 6546 Ulm Hbf – Immendingen bei Fridingen (KBS 755) unterwegs. Foto: Georg Wagner

Oben: Der Bahnhof Memmingen (KBS 971/975) hatte nach der Modernisierung im ausklingenden Jahrhundert sehr viel von seinem historischen Flair verloren. Das fotogene Reiterstellwerk und den Fußgängersteg, beide unter Denkmalschutz stehend, hat am 25. Mai 1997 der Nostalgie-Triebwagen „Stuttgarter Rössle" soeben auf einer Fahrt nach dem am Bodensee gelegenen Lindau durchfahren. Foto: Peter Rappold

Rechte Seite: Auch in der benachbarten Schweiz sind die Triebwagen der Baureihe 415 ein gewohnter Anblick. Auf dem Weg von Stuttgart über die Gäubahn nach Zürich hat am 25. Juni 1999 der ICE 189 „Hermann Hesse" auf dem 440 m langen Viadukt bei Eglisau/Schweiz soeben den Rhein überquert. Foto: Georg Wagner

Linke Seite: Eine sicherlich nicht alltägliche Vorspannleistung war am 24. Juni 1999 im Neckartal zwischen Oberndorf (KBS 740, Stuttgart – Horb – Tuttlingen – Singen) und Sulz zu beobachten. Sicherlich ist die im Zugverband mitlaufende 212 222-4 bei der Beförderung der Übergabe 44240 nicht gefordert und darf sich unbesorgt auf die Zugkräfte der 150 191-5 verlassen. Foto: Georg Wagner

Rechts: Im Gegensatz zu Drehscheiben und Ringlokschuppen finden sich Schiebebühnen nur selten im fotografischen Mittelpunkt. Ein interessanter Blick bietet sich am 16. Juni 1994, als die 110 228-4 im Betriebshof Stuttgart-Rosenstein verschoben wird. Foto: Oliver Austen

Ein weiterer Neuzugang der Deutschen Bahn ist die 53 Fahrzeuge umfassende Baureihe 650. Vor einem typisch schwäbischen Bahnwärterhaus bildet am 6. Januar 2000 bei Hechingen (KBS 766, Tübingen – Sigmaringen – Aulendorf) der 650 109-2 den Zugschluss der RB 32669 Aulendorf – Tübingen Hbf. Foto: Stephan Czarnecki

In den letzten Jahren standen die Lokomotiven der Baureihe 103 besonders stark im Augenmerk der Eisenbahnfreunde. Eine Anmerkung auf die Jahreszeit Winter ist am 14. Januar 1997 einfach fehl am Platz, als bei Beimerstetten (KBS 750, Stuttgart – Ulm) die 103 190-5 mit dem EC 115 „Blauer Enzian“ Dortmund – Klagenfurt durch eine scheinbar verwunschene Märchenlandschaft braust. Foto: Stephan Czarnecki

Links: Dass auch in scheinbar ländlichen Regionen ein attraktives Frachtaufkommen möglich ist, beweist die CB 54587 mit einer Länge von gut 500 Metern. Bei Murrhardt (KBS 784, Stuttgart – Backnang – Crailsheim) ist am 23. Juli 2001 die 152 024-6 mit der Aufgabe betraut, den Güterzug in Richtung Stuttgart zu befördern. Den Transport der verschiedenen Güter in der Fläche haben jedoch zuvor private Eisenbahnunternehmen bewerkstelligt. Foto: Georg Wagner

Zur nachfolgenden Seite 98: Auf der Fahrt zur Durchsicht im Herstellerwerk war die Siemens-Dispo-Lok 1116 902-2 in den Zugverband des TEC 80051 eingestellt. Am frühen Morgen des 11. Mai 2001 hat der von der 127 001-6 beförderte Zug noch rund 125 Kilometer Wegstrecke bis in den Zielbahnhof München-Riem vor sich, als er gut 45 Minuten vor Plan zum letzten Mal die Altmühl vor Dollnstein (KBS 990, Treuchtlingen – Ingolstadt – München) überquert. Foto: Bernd Eisenschink

Rechte Seite: Stilecht befördert am 21. April 1996 die Stuttgarter Museumsellok E 44 002, unterhalb des Klosters Lorch (KBS 786, Stuttgart – Aalen – Crailsheim – Nürnberg), den Sonderzug DZ 24908 nach Crailsheim. Die Ellok ist inzwischen mit Fristablauf leider in der DB-Museums-Außenstelle Koblenz-Lützel abgestellt. Foto: Peter Rappold

E44 002
41
8

EuroSprinter

Der 5. September 1995 begann als schöner Spätsommertag mit strahlend blauem Himmel und kleinen, flachen Nebelfeldern unweit des Eichstätter Bahnhofs (KBS 990) im Altmühltal. Nach deren vollständiger Auflösung bildeten sich allerdings rasch Quellwolken, die bei Fotografen mitunter wenig Begeisterung auslösen. Ohne die sonst planmäßig vorhandene Fotowolke durchfährt ein Messzug, bestehend aus dem Nürnberger 614 020-6 und der heute im Fahrzeug- und Technologie-Zentrum München beheimateten 753 001-7, das Altmühltal in Richtung Dollnstein. Foto: Bernd Eisenschink

Oben: Eine besondere und unerwartete Überraschung hielt der 20. Oktober 2000 bereit.
An diesem Tag befördert die 140 038-1 bei Axdorf (KBS 951, München – Rosenheim – Salzburg) einen der eher seltenen Viehtransporte auf der Schiene nach Salzburg. Foto: Bernd Eisenschink

Rechte Seite: Im letzten Abendlicht des 29. September 1997 ist die 111 007-1 gemeinsam mit der 111 069-1 vor dem RE 3515 München Hbf – Freilassing unweit von Traunstein (KBS 951) im Chiemgau auf Reisen. Die in diesem Abschnitt sehr kurvige Trassierung der Hauptbahn nach Salzburg ist für den betrachtenden Fotografen keinesfalls nachteilig, allerdings machen sich die engen Gleisbögen durch niedrige Höchstgeschwindigkeiten und, daraus resultierend, in keinesfalls attraktiven Fahrzeiten von fast zwei Stunden für den Fahrgast bemerkbar. Foto: Bernd Eisenschink

S5 Herrsching
DB
420 520-9
34
0
231
F

Linke Seite: Von der Ablösung der BR 420 war zum Zeitpunkt der Aufnahme am 14. Juni 1996 noch nicht die Rede. Unmittelbar vor einem Gewitter durchfährt ein Vollzug, bestehend aus dem 420 520-9 und dem 420 018-4, den Waldabschnitt zwischen Grafing Bahnhof und Kirchseeon (KBS 999.5, Ebersberg – München – Herrsching) auf der Fahrt nach Herrsching. Foto: Bernd Eisenschink
Oben: Der Dreikönigstag 1999 schenkte dem Süden Deutschlands einen kalten und klaren, aber schneefreien Wintertag. Zwischen Teisendorf und Traunstein (KBS 951), am aufgelassenen Haltepunkt Rückstetten, spiegelt sich die von der Zugförderungsstelle Wien-West stammende 1044.2 mit dem EC 16 „Max Reinhardt“ Wien – München in der Morgensonne. Foto: Bernd Eisenschink
Zur nachfolgenden Seite 104: Die Inbetriebnahme neuer Fahrzeuggenerationen verlief in den letzten Jahren oftmals mit Pleiten, Pech und Pannen. Aber nicht nur die Deutsche Bahn war und ist hiervon betroffen. Mit erheblicher Verstimmung reagierten die Fahrgäste der Bayerischen Oberlandbahn GmbH auf die keineswegs betriebstauglichen „Jenbacher Integrale“, als diese 1997 auf den von München ausgehenden Strecken nach Lenggries, Tegernsee und Bayrischzell eingesetzt worden sind. Erst nach erheblichen Nachbesserungen konnte das Herstellerwerk 1999 eine zufriedenstellende Qualität ihrer Fahrzeuge nachweisen und diese erneut an die BOB übergeben. Der VT 42 hat am 27. Oktober 1999 als DNR 81421 München Hbf – Bayrischzell den Schliersee umrundet und wird gleich den Haltepunkt Fischhausen-Neuhaus (KBS 955) erreichen. Foto: Bernd Eisenschink

Bayerische Oberlandbahn

Mit 400 bestellten Exemplaren wurde die Baureihe 1016/1116 „Taurus“ zum Vorzeigeobjekt der ÖBB. Die von Siemens und Krauss-Maffei stammenden Fahrzeuge, von den Eisenbahnern liebevoll als „rote Ochsen“ bezeichnet, bestechen nicht nur durch ihre Form, sondern auch durch ihre Leistungsfähigkeit. In nahezu fabrikneuem Zustand befördert am 20. Oktober 2000 die 1016 019-0 den Güterzug 41660 Salzburg-Gnigl – München-Nord durch den herbstlichen Chiemgau bei Vachendorf (KBS 951, München – Rosenheim – Salzburg). Foto: Bernd Eisenschink

In der Nacht vom 20. zum 21. Februar 2000 lieferten heftige Schneegestöber reichlich Neuschnee in den Allgäuer Alpen ab. Von den insgesamt fünf ausgelieferten und in Kempten stationierten 627.1 pendelt am 21. Februar 2001 der 627 102-7 als RB 5518 bei frostigen Minusgraden zwischen Pfronten-Steinach und Kempten. Bei Bodelsberg (KBS 976, Kempten – Reutte – Garmisch-Partenkirchen), einem gemütlichen, bäuerlich geprägten Bergdorf, zeigt sich der Winter einmal mehr von seiner schönsten Seite. Foto: Markus Wohlfart

Neben den zwölf 1974 gebauten 628.0 kamen zu Beginn der 1980er Jahre noch drei weitere Vorserien-VT hinzu, die unter der Bezeichnung 628.1 geführt werden. Seit ihrer Indienststellung sind diese Fahrzeuge beim Betriebshof Kempten stationiert. Wegen des hohen Schadbestands des Trios, in dem keiner dem andern gleicht, konnten sie das Kemptener Triebfahrzeugpersonal nie so richtig überzeugen. Am 22. Dezember 1999 zeigt sich der 628 102-6 bei Weizern (KBS 974, Buchloe – Füssen) als RE 21452 Augsburg – Füssen. Foto: Markus Wohlfart

Bei Altstädten (KBS 975, Ulm – Oberstdorf) ließ am 26. Januar 2000 die zunehmende Kälte, wenige Minuten bevor die Sonne hinter den Alpengipfeln verschwand, Nebelschwaden aus dem Nebenbach der Iller aufsteigen. Wenngleich auch etwas verspätet, steuert im rechten Augenblick die 218 464-6 mit dem IR 2066 „Göltzschtal" Dresden – Oberstdorf dem Zielbahnhof entgegen. Unverwechselbar, dank Sendemast, thront im Hintergrund der 1738 Meter hohe Grünten über der abendlichen Szenerie. Foto: Markus Wohlfart

Anlässlich umfangreicher Bauarbeiten zwischen Wangen und Leutkirch war es beispielsweise auch am 19. Oktober 2001 möglich, den umgeleiteten ICE 92 „Angelika Kaufmann“ München – Zürich HB auf der Allgäubahn auf Zelluloid zu bannen. Der 605 010-8/510-7 sowie der 605 016-5/516-4 haben mit vereinten Kräften bereits die Günzacher Steigung überwunden und laufen bei Wildpoldsried-Ellenberg (KBS 970, München – Kempten – Lindau) talwärts ihrem nächsten planmäßigen Halt Kempten entgegen. Foto: Markus Wohlfart

Das Hartsteinwerk im österreichischen Vils sorgt auf der Außerfernbahn auch heute für ein starkes Frachtaufkommen, das nach Garmisch-Partenkirchen abgefahren wird. Deutlich mit den Spuren der staubigen Fracht gezeichnet, überquert die 290 019-9 mit der CB 46831 Vils – Reutte in Tirol am 7. Mai 2002 bei Pflach (KBS 976) die Lech, an deren Ufer der Frühling deutlich seine Spuren zeigt. Foto: Markus Wohlfart

Knapp 20 Jahre lang bewältigten Loks der Baureihe 141 den Betrieb auf der 1905 elektrifizierten Lokalbahn Murnau – Oberammergau. Auch heute ziert noch abschnittsweise die fast 100-jährige Fahrleitung den Weg in den oberbayerischen Passionsspielort. In Kürze erreicht am 4. Oktober 1997 der heute abgestellte Nürnberger „Knallfrosch“ 141 098-4 mit der RB 15109 den Ort Altenau (KBS 963). Foto: Markus Wohlfart

Oben: Bei Seuchau (KBS 875, Schwandorf – Cham – Furth im Wald – Ceska Kubice) bezwingt am 30. Mai 1999 die 754 028-9 mit dem IR 265 „Franz Kafka“ München – Prag am Haken die Steigung aus der Cham-Further Senke hinauf in den Böhmerwald. Kurz zuvor war im nahen Grenzbahnhof Furth im Wald die Leistung von einer 218er der Deutschen Bahn auf die tschechische „Brillenschlange“ übergegangen. Foto: Udo Kandler

Rechte Seite: Auf der Waldbahn von Plattling nach Bayerisch Eisenstein bestreiten heute allein die RegioShuttle der Regentalbahn den Personennahverkehr. Der VT 21 trifft am 1. Mai 1998 unweit von Gotteszell (KBS 905) auf eines der für die Waldbahn so typischen Bahnwärterhäuser. Die sich fotogen über dem Böhmerwald auftürmenden Wolken kündeten das nahe Ende des herrlichen Frühlingswetters an. Foto: Udo Kandler

Plattling
WALDBAHN
VT 21

Der Eisenbahnbetrieb im Pegnitztal ist immer für eine Überraschung gut. Nahe Rothenbruck (KBS 860, Nürnberg – Pegnitz – Bayreuth) fährt am 5. Mai 1998 außerfahrplanmäßig die Hofer 211 044-3 mit einem Leerreisezug in Richtung Nürnberg. Baumblüte und „Fotowolken“ sorgten für ein rundum gelungenes Motiv, zumal das Pegnitztal zu keiner Zeit zu den bevorzugten Einsatzgebieten der Bundesbahn-V-100 gehörte. Foto: Udo Kandler

Der Herbst war am 17. Oktober 2001 unschwer zu erkennen, als der ICE 1566 „Georgius Agricola“ Dresden Hbf – Nürnberg die Vorteile funktionierender Neigetechnik umsetzen kann. Sichtlich geneigt legt sich der Triebwagen der Baureihe 605 zwischen Vorra (KBS 860) und Hohenstadt in die Kurve. Foto: Georg Wagner

Linke Seite: Parallel zu der hier im Bild nicht sichtbaren Bier- und Burgenfernstraße B 85 befährt am 19. Oktober 2001 der ICE 1513 „Kurt Weill" Berlin – München bei Marktgölitz (KBS 840, Saalfeld/Saale – Lichtenfels) das Loquitztal. Ausreichend motorisiert wird die moderne Bahn in Gestalt des 411 009-4 den Anstieg hinauf zum Frankenwald bewältigen. Foto: Georg Wagner

Rechts oben: Wer hätte das vor Jahren gedacht? Eine „Bundesbahn-Altbaulellok" trifft nahe dem Jenaer Paradiesbahnhof (KBS 560, Leipzig/Halle – Saalfeld/Saale) auf ein Straßenbahnrelikt der ehemaligen DDR, so geschehen am 7. April 2000 in Jena. Wie die Gothaer- bzw. Rekowagen der Jena Nahverkehr GmbH, deren Ablösung bis 2003 vollzogen werden soll, sind auch die Tage der 140 371-6 gewiss gezählt. Foto: Olaf Buhler

Rechts unten: Bei –14° C ist am Morgen des 15. Januar 1997 in Göschwitz (KBS 560) die 103 169-9 mit dem EC 11 „Mimara" Berlin – Zagreb auf dem Weg in Richtung Süden. Mit der Aufnahme der ICE-Verbindung Berlin – Leipzig – München war kein Platz mehr für diese attraktive internationale Zugverbindung, und es endete somit auch der planmäßige 103-Einsatz auf der Saalebahn. Foto: Olaf Buhler

Zur nachfolgenden Seite 118: Die beschauliche Signalparade in Georgenthal (KBS 572, Gotha – Gräfenroda) passiert am 16. Mai 2002 ein „Walfisch", alias RB 26619, Gotha – Crawinkel. Infolge bislang unterlassener Instandsetzung durch die Abteilung DB-Netz war auch im Oktober 2002 kein Durchgangsverkehr von Crawinkel nach Georgenthal möglich. Dem Reisenden blieb der Umstieg in die Gummi-Eisenbahn nicht erspart. Ist es denn so unvorstellbar, dass pünktliche, preislich attraktive und umsteigefreie Angebote im Nah- und Fernverkehr die Fahrgastzahlen letztendlich steigern? Foto: Gerhard Bank

Zur Abbildung auf Seite 119: Die Landschaft zwischen dem Eichsfeld und der Hainleite ist geprägt durch umfangreiche Kali-Vorkommen, insbesondere zwischen Bischofferode, Bleicherode und Sondershausen. Riesige Abraumhalden sowie Förderschächte entlang der Bahnstrecken bieten willkommene Fotomotive. Eine der letzten roten Ferkeltaxen des Betriebshofes Nordhausen, bestehend aus dem 772 111-1 und dem 972 711-6, passiert am 2. März 1997 als RB 14555 von Nordhausen über Sondershausen und Bretleben nach Sangerhausen einen dieser Förderschächte und wird in wenigen Minuten in Sondershausen (KBS 593) eintreffen. Foto: Bernd-Oliver Sydow

Hs
1
P
D
Fo
DB

Oben: Auch das ist die Deutsche Bahn AG, die Oberweißbacher Bergbahn mit ihren kleinen zweiachsigen Triebwagen der Baureihe 479. Von der Schwarzatalbahn Rottenbach – Katzhütte kann man in Obstfelderschmiede in eine der steilsten Standseilbahnen der Welt umsteigen, mit der in 18 Minuten über 300 Höhenmeter überwunden werden. Vom Zielpunkt Lichtenhain (KBS 563) geht es weiter ins drei Kilometer entfernte Cursdorf, wie hier mit dem 479 201-6, der am 27. Oktober 1997 seinen Zielbahnhof in Kürze erreichen wird. Ein Kälteeinbruch bescherte an diesem Tag dem thüringischen Bergland sichtbar ein die Jahreszeit übergreifendes Bild. Foto: Jürgen Hörstel

Rechte Seite: Eine Renaissance erlebte die Baureihe 228 mit ihrem Einsatz auf der Kursbuchstrecke 557 Saalfeld – Lobenstein – Blankenstein. Bei Wurzbach in Thüringen ist am 17. Dezember 1997 die 228 791-0 mit der RB 15147 Rudolstadt – Blankenstein unterwegs. Foto: Michael de Clerque

ISOVER

Bis 1998 war die zu der Unternehmensgruppe DB-Regio gehörende Baureihe 219 in Thüringen auch für die Abteilung DB-Cargo im Einsatz. Auf der Oberlandbahn ist bei Dreba (ex KBS 556, Triptis – Lobenstein) am 27. Januar 1998 die 219 178-1 mit der Übergabe 67103 von Saalfeld über Triptis nach Lobenstein unterwegs. An diesem Morgen hatte sich zur Freude des Fotografen die Sonne gegen den Nebel durchgesetzt, und so zeigt sich ein wenig gefordertes „U-Boot" in der herrlichen Winterlandschaft. Foto: Olaf Buhler

Rechts: Die Holz- und Zellstoffindustrie im Thüringer Schiefergebirge verhilft der Strecke Saalfeld – Blankenstein zu einem für Nebenbahnen überaus beachtlichen Güteraufkommen. Sogar samstags verkehrt planmäßig ein Zugpaar, um das Sägewerk am Bahnhof Ebersdorf-Friesau mit Rohstoffen zu versorgen. Wie es der Zufall will, sind am 12. August 2000 bei Heinersdorf nicht nur die 204 758-7 und die nachschiebende 204 838-7 mit ihrem Holzzug unterwegs.
Bei Bad Steben waren an diesem Morgen mehrere Ballons aufgestiegen, als ein auffrischender Südwind eines dieser Luftgefährte passend ins Bild fahren lässt. Foto: Olaf Buhler

Zur nachfolgenden Seite 124: Im Frühjahr 1995 gelangte die Baureihe 213 nach Thüringen. Aufgrund der hydrodynamischen Bremsanlage eigneten sich diese Lokomotiven für Einsätze auf den Steilstrecken des Thüringer Waldes. Zum Bedauern der Eisenbahnfreunde wurden die alteingesessenen Reichsbahn-V-180 weiter auf das Abstellgleis gedrängt. Auf der Fahrt von Themar nach Suhl ist bei Veßra (KBS 566, Themar – Arnstadt – Erfurt) die 213 334-6 mit der stilrein aus Rekowagen gebildeten RB 14786 am 23. August 1995 auf Reisen. Foto: Jörg Schindowski

Für den sich Anfang der 1990er Jahre in den neuen Bundesländern entwickelnden InterCity- und InterRegio-Verkehr modernisierte die Deutsche Reichsbahn 20 Lokomotiven der Baureihe 119. Die nun in Berlin-Pankow stationierten und als Baureihe 229 bezeichneten Loks konnten die ihnen zugedachten Aufgaben nicht erfüllen. 1995 standen fast alle Loks in ihrer Heimatdienststelle abgestellt. Bei der Suche nach neuen Einsatzgebieten kam es sogar zu Probefahrten in Bayern. Schließlich wurde in Erfurt eine neue Heimat gefunden. Doch mit dem neuen Jahrtausend endete die Geschichte dieser Baureihe im Bestand der Deutschen Bahn. Im Stationierungsverzeichnis 2002 nicht mehr zu finden, haben derweil fünf Maschinen u. a. bei der MEG eine neue Heimat gefunden. Der IR 2560 Gera – Karlsruhe durchfährt am 25. März 1999, von der 229 188-8 gezogen, den Haltepunkt Schüptitz (KBS 546, Gera – Hof). Seine Nachfolge hat nun der Vogtlandbahn-ExpressZug der gleichnamigen GmbH in der Relation Gera – Hof angetreten. Der Reisende nach Karlsruhe kann nun den Vorteil einer Direktverbindung nicht mehr nutzen. Foto: Olaf Buhler

Heute ist im Osten die Mitte-Deutschland-Verbindung ihres hochwertigen Fernverkehrs beraubt. Immerhin schafft es aber die RegionalExpress-Verbindung Göttingen – Erfurt – Glauchau/Zwickau drei Bundesländer miteinander zu verbinden. Im Hinblick auf den Reisekomfort sind – nicht nur im Fall wie hier bei der Baureihe 612 – sowohl die Schienenfahrzeugindustrie als auch die bestellenden Verkehrsunternehmen bislang eine Antwort schuldig geblieben, nach welchen Kriterien unter anderem das Sitzplatzangebot der Züge berechnet wird. Wissenschaftlich bewiesen ist die Tatsache, dass die Durchschnittsgröße eines Mitteleuropäers über die Jahrhunderte hinweg zugenommen hat. Der praxisnahe Besuch eines jeden Freilichtmuseums gibt anhand der vorzufindenden Bettgrößen eindeutig Aufschluss. Auf der Reise von Niedersachsen nach Sachsen ist auf der „Holzlandbahn" am 11. Januar 2002 der RE 3655 bei Lehnstedt (KBS 565, Erfurt – Weimar – Gera) unterwegs. Foto: Olaf Buhler

Oben: Das Stahlwerk in Unterwellenborn sorgt mehrmals in der Woche für Güterverkehr im Elstertal. In Vojtanov (Tschechien) übernimmt die Baureihe 232 den Schrottzug KC 47832 von der ČD, der mit seiner „Ludmilla" am 26. Oktober 1999 bei der Clodra-Mühle (KBS 541, Gera – Weischlitz) seines Weges zieht. Foto: Olaf Buhler

Zur nachfolgenden Seite 128: Seit dem 14. Jahrhundert recken sich die „Lichte und Finstere Jupe" (quadratische Türme mit gotischen Helmen) des Rochlitzer Schlosses über das Tal der Zwickauer Mulde hinaus, dessen Ursprünge sich bis in das 10. Jahrhundert erstrecken (vormals Reichsburg). Doch im Gegensatz zu dem alten Gemäuer sind die Tage des Eisenbahnknotens Rochlitz (KBS 529, Leipzig Hbf – Großbothen – Glauchau) gezählt, als die RB 27374 Glauchau – Rochlitz am 26. Mai 2001 ihren Zielbahnhof demnächst erreichen wird, denn mit dem 10. Juni 2001 endet der Reiseverkehr im benachbarten Wechselburg. Foto: Gerhard Bank

Zur vorhergehenden Seite 129: Als echte Sensation konnte die Umlackierung des 772 342-2 in Verkehrsrot gelten. Am Morgen des 16. Februar 2002 passiert die „Ferkel-Taxe" als RB 27373 Wechselburg – Glauchau die verwegene Brückenkombination bei Penig (KBS 529). Genau sechs Monate später bot das Muldehochwasser der Deutschen Bahn AG genau die Argumente, um diesen Vier-Stunden-Takt endlich aus dem Angebot nehmen zu können. Foto: Jörg Lempe

Oben: Zeitlose und beispielhafte Eleganz zeichnet die filigrane Hallenkonstruktion des Leipziger Hauptbahnhofs aus, auf dessen Gleis 10 die 103 133-5 am 14. Januar 2000 mit dem EC 10 „Mimara" Zagreb – Berlin zur Abfahrt bereit steht, dessen Zuglauf heute bereits in München endet. Foto: Jürgen Sieger

Auch wenn die laublose Jahreszeit nicht immer beliebt ist, ermöglicht sie am 4. März 1997 einen Blick auf Leipzig-Paunsdorf (KBS 525, Leipzig – Borna/Bad Lausick – Chemnitz). Ein Gastspiel gibt an diesem Tag die 201 999-0, die mit der RB 7310 Geithain – Leipzig Hbf ihr Ziel bald erreichen wird. Foto: Gunter von Hartwig

Links oben: Die alte Elbbrücke bei Torgau (KBS 215/229, Leipzig – Falkenberg – Cottbus/Görlitz) hat im Sommer 1995 der zum Zeitpunkt der Aufnahme noch unverzichtbare „Holzroller" 142 178-3 mit seinem Güterzug soeben überquert. Das imposante und im nördlichen Zipfel von Sachsen gelegene Brückenbauwerk musste einem Brückenneubau weichen. Foto: Markus Wohlfart

Links unten: Der heute aufgelassene Betriebshof Leipzig-Wahren war für seine Lokomotiv-Arrangements bekannt. Ob Wummen- oder V-60-Paraden, die alten „Reichs- und Berufseisenbahner" hatten des Öfteren eine Überraschung für die Eisenbahnfreunde auf Lager.
Die 220 369-3 und die 220 195-2 haben am 11. Mai 1994 im Wechsel mit den Köf II vor dem zweiten als Werkstatt dienenden Lokschuppen Paradeaufstellung eingenommen. Foto: Wolfgang Herdam

Rechts oben: Die DR beschaffte beim tschechischen Hersteller Skoda insgesamt 20 Zweisystem-Lokomotiven der Baureihe 180 (15-kV-16 2/3-Hz–3-kV-Gleichstrom), die mit der baugleichen tschechischen Baureihe 371/372 der ČD den grenzüberschreitenden Verkehr im Elbtal bewältigen. In Königstein (KBS 241.1, Meißen Triebischtal – Coswig – Dresden – Pirna – Schöna) ist am 14. Mai 2000 die 180 008-5 mit einem Güterzug elbaufwärts unterwegs. Beachtenswert ist die zu einem holzverarbeitenden Betrieb gehörende Klappbrücke am rechten Bildrand. Foto: Markus Wohlfart

Rechts unten: Mit den Drehgestellen der Baureihe 130 der Deutschen Reichsbahn auf 140 km/h ertüchtigt, bespannt die 234 657-5 am 11. Mai 2001 den IR 2589 „Spreewald“ Hannover – Görlitz, als dieser durch den verschlafenen Bahnhof Uhsmannsdorf (KBS 220, Cottbus – Görlitz) eilt. Bereits ein Jahr später, zum Sommer 2002, ist die modernisierte Baureihe weitgehend aus den Bestandslisten der Deutschen Bahn verschwunden.
Foto: Gerhard Bank

Zur nachfolgenden Seite 134: Auch wenn der Himmel über Neustadt/Sachsen am Nachmittag des 19. Mai 2000 blau erstrahlt, war der Gedanke, dieses Foto abzulichten, eigentlich in weite Ferne gerückt. Keine zwei Stunden zuvor, als um 17.16 Uhr der 771 048-6 als RB 17943 Neustadt – Pirna und die 202 777-9 mit der RB 17833 Bautzen – Bad Schandau gemeinsam den Neustädter Bahnhof (KBS 247/248) verlassen, ergoss sich ein scheinbar nicht endender Landregen über den sächsischen Landstrich. Doch aller Sorgen zum Trotz riss die Wolkendecke noch einmal auf und sorgte so für einen perfekten „Show-down“.
Foto Gerhard Bank

Zur Abbildung auf Seite 135: An der östlichen Bahnhofsausfahrt in Goßdorf-Kohlmühle lässt die „grüne Hölle“ nur schwer erahnen, dass hier einst die Schmalspurbahn Kohlmühle – Hohnstein/Sächs. Schweiz parallel zur heutigen Kursbuchstrecke 248 verlief. Während sich am 3. Mai 2001 die RB 17822 Bad Schandau – Bautzen hinter der 202 544-3 „versteckt“, zeigt sich der „Wonnemonat“ Mai von seiner schönen Seite. Foto: Gerhard Bank

771 048-6
202 777-9

202 544-3

Oben: Eisenbahn im Wandel der Zeit. Bereits ein Jahr später hatten die Triebwagen der Baureihe 642 die Nachfolge der V 100 und der Ferkeltaxen auf den Kursbuchstrecken 247 und 248 übernommen. Während bei Langenwolmsdorf (KBS 247) die RB 17928 Pirna – Neustadt am 2. Mai 2002 für den Dresdener Flughafen wirbt, verkünden die verbretterten Fenster sichtbar das Schicksal sächsischer Eisenbahnidylle. Foto: Gerhard Bank

Rechte Seite: Verkehrte Welt, im offiziellen Kursbuch des Jahresfahrplans 2001/2002 war der Abschnitt Sebnitz – Bad Schandau der Kursbuchstrecke 248 nicht ausgewiesen. Nach erfolgten Sanierungsarbeiten warten am 2. Mai 2002 zwei Reisende in Goßdorf-Kohlmühle auf die „neue Bahn“. Nach erfolgtem Zwischenhalt wird die RB 17820 Bad Schandau – Bautzen gleich ihre Fahrt den sächsischen Semmering hinauf fortsetzen. Foto: Gerhard Bank

099 752-8

Linke Seite: Schmalspuralltag bei der Deutschen Bahn. Auch auf dem Weg in das neue Jahrtausend ist der planmäßige Dampfbetrieb im Kursbuch dieser westeuropäischen Staatsbahn zu finden. So bietet der 28. Dezember 1996 die Gelegenheit beim Bahnhof Friedewald Bad (KBS 509, Radebeul Ost – Radeburg) sich der Faszination Winterdampf auf der Lößnitztalbahn hinzugeben. Ohne den sonst üblichen Packwagen befördert an diesem Tag die 099 752-8 die RB 7426 nach Radeburg. Foto: Jörg Lempe
Oben: Die Oberlausitz war eines der letzten Einsatzgebiete der früher allgegenwärtigen Reichsbahn-V-100. Im Gegensatz zur Baureihe 202 und 204 ist heute (Stand Herbst 2002) die Baureihe 298 als zahlenmäßig stärkster Vertreter dieser Fahrzeuggattung bei der Deutschen Bahn verblieben. In Bautzen ist am 11. Mai 2001 die 298 088-2 mit Rangierarbeiten beschäftigt, während die 202 544-3 im „Sandwichpack“ mit einer Schwesterlok auf den nächsten Einsatz wartet. Foto: Udo Kandler

Links: Die Eisenbahnverbindung zwischen den tschechischen Städten Varnsdorf und Hradek verläuft zum großen Teil über deutsches Staatsgebiet. Neben einem D-Zug-Paar wurde der Nahverkehr unter anderem mit älteren ČD-Triebwagen der Baureihen 830 und 842 abgewickelt. Bei Hainewalde (KBS 236, Löbau – Seifhennersdorf – Zittau) ist am 21. Mai 2001 ein Triebwagen der Baureihe 830 mit seinen Beiwagen im Tal der Mandau unterwegs.
Foto: Jörg Lempe

Rechte Seite: Weit bevor das große Plantschen im Elbgau-Bad Weinböhla (KBS 240, Berlin – Elsterwerda – Dresden) an diesem schönen und windstillen 18. Juli 2000 beginnt, spiegelt sich ungeniert und freilich ohne jeglichen Eintritt zu entrichten, die 156 001-0 mit dem TC 44473 Dresden-Friedrichstadt – Dabrowa-Gornicza im Wasser des Beckens. Das Kraftpaket mit einer Stundenleistung von 5880 kW wird den Zug bis Hoyerswerda bespannen.
Foto Jörg Lempe

DB Cargo

Linke Seite: Mit dem Wunsch, dass in der Zukunft wieder dampfgeführte Reisezüge im Tal der Roten Weißeritz zwischen Freital-Hainsberg und dem Kurort Kipsdorf fahren, endet diese Reise durch fast ein Jahrzehnt Eisenbahnalltag in Deutschland und auf den Gleisen der Deutschen Bahn.
Im Gegensatz zu den festen Bekundungen, die durch die Hochwasserkatastrophe ebenfalls betroffene Müglitztalbahn wieder aufzubauen, ist das Schicksal der Weißeritztalbahn im Oktober 2002 angesichts der immensen Schäden noch ungewiss. Im Fall des Wiederaufbaus ist das beliebte Fotomotiv in Malter (KBS 513) möglicherweise historisch. Es gibt Überlegungen, die Talsperre in ein Hochwasser-Auffangbecken umzufunktionieren.
Der Wasserstand der Maltertalsperre soll weitgehend abgesenkt werden, um ein größtmögliches Reservoir zu schaffen.
Die Welt der Kleinbahn ist am Morgen des 17. Mai 1998 jedoch noch in Ordnung, als sich die 099 726-2 mit der RB 7563 im Wasser der Weißeritz spiegelt.
Foto: Stephan Czarnecki

Rechts: Zwischen Cossmansdorf und Rabenau haben die unendlichen Wassermassen regelrecht abgeräumt. Neben der Stützmauer ist auch der am gegenüber liegenden Flussufer parallel verlaufende Wanderweg einfach weggespült worden. Ungestörte Frühjahrsfreuden waren gut zwei Jahre zuvor dem Wanderer, den Fahrgästen und dem Eisenbahnpersonal am 18. März 2000 gegönnt, als die 99 1777-4 mit der RB 27828 im Weißeritztal in Richtung Rabenau dampft.
Foto: Martin Werth